ネットワーク技術の基礎と応用
— ICT の基本から QoS, IP 電話, NGN まで —

工学博士 淺谷 耕一 著

コロナ社

「ネットワーク技術の基礎と応用」 正誤表

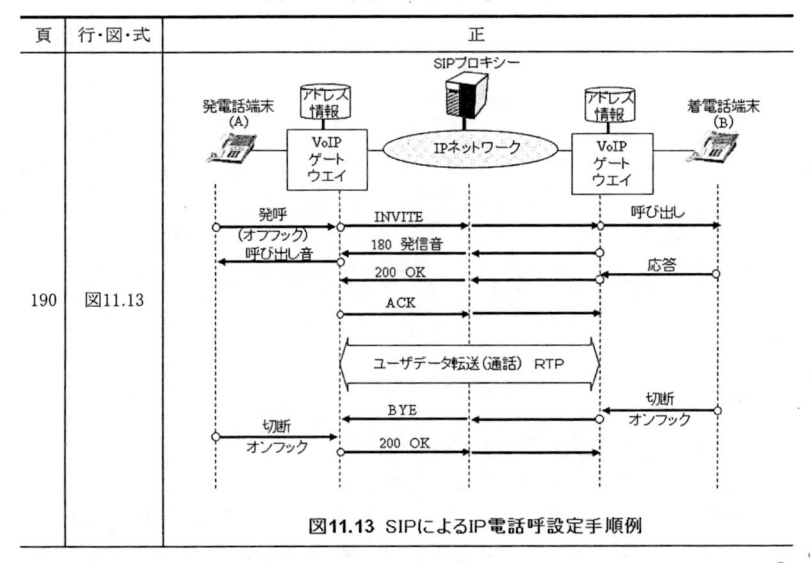

頁	行・図・式	正
190	図11.13	**図11.13 SIPによるIP電話呼設定手順例** 発電話端末(A) — VoIPゲートウェイ(アドレス情報) — SIPプロキシー(IPネットワーク) — VoIPゲートウェイ(アドレス情報) — 着電話端末(B) 発呼(オフフック) → INVITE → 呼び出し 呼び出し音 ← 180 発信音 ← 200 OK ← 応答 ACK → ユーザデータ転送(通話) RTP 切断 ← BYE ← 切断 オンフック オンフック ← 200 OK

③

最新の正誤表がコロナ社ホームページにある場合がございます。

下記URLにアクセスして[キーワード検索]に書名を入力して下さい。

http://www.coronasha.co.jp

まえがき

　情報通信技術（ICT）とは，ディジタル情報通信ネットワークをプラットフォームとする，双方向の情報の創造，流通，加工，消費技術の総体です。

　電話が発明された1876年から，世界で最初の日本のISDNサービス開始まで108年が必要でした。一方，インターネットの原型ARPA net開発から1990年のインターネット商用サービス開始までは，21年しか経っていません。数kbpsの最初の商用インターネットから数Mbps以上のブロードバンドインターネットまで，わずか10年足らずで実現しました。

　電話ネットワークとコンピュータネットワークは，ディジタル技術を媒介した通信技術と情報技術の融合（ICT）により，新たな段階の情報通信ネットワークとして，ますます発展のペースを速めています。

　高性能のネットワーク構築には，高性能のコンピュータやルータ，伝送システムなどが必要ですが，これらを単に接続しても，ネットワークとして高い性能が出るわけではありません。ネットワーク性能はネットワーキング技術，すなわち組合せの「妙」によるところが大きいのです。

　また，ネットワークは構築されたあとも，固定的かつ半永久的ではありません。補修が必要であり，需要に見合う増設が必要です。あるいは，新しいサービス需要に応えるために，新しい機能の導入や，場合によっては，全面更改が必要になる場合もあります。

　新設ネットワークは，できる限り長持ちしてほしいので，最新技術が望ましいのですが，最新のものにはハードバグやソフトバグの可能性があり，安定性の観点からは成熟した技術が望ましいのです。一方，いったん導入したものは，できるだけ長く使用したいのです。ネットワークを一挙に更改するのでなければ，古いものと新しいものの共存が必要です。

このように，新技術の開発においては，過去の遺産を活かす後方一貫性と，将来の発展性を担保する前方一貫性が最重要課題です。

できのいいネットワークは，おいしい空気のようなもので，ネットワークの存在がユーザに意識されないことが，いいネットワークのゆえんです。

このような目的のために，できるだけ多くのユーザに，少ない資源で，多様で高品質のサービスを，安価で安全に安定して提供するための工夫がネットワーク技術です。

本書は，このような観点から，情報ネットワークの基本事項から，QoS，IP電話，NGN について解説しました。情報ネットワーク仕様の単なる羅列ではなく，「ネットワーク基本技術の背景にあるものの考え方」に焦点を当てることに主眼をおきました。できあがった仕様（what）ではなく，なぜそうなっているのかという背景のこころ（why）を理解できれば，広く応用が利くと思うからです。

情報ネットワークの発展経緯から，テレコム技術分野とコンピュータ技術分野の専門用語は，必ずしも統一されていません。専門用語や略語は，入門者には障壁です。用語の背景についても一部説明しましたが，かえって読みづらいかもしれません。著者の意図を汲んで寛恕をお願いします。

本書は，大学学部・大学院の教科書あるいは参考書として使用できて，かつ，一般読者にもある程度理解してもらえることを意図しました。

高度情報化社会の一翼を担う学生諸君や技術者諸氏が，ネットワーク技術に興味を持つきっかけになれば幸いです。

2007 年 8 月

淺谷　耕一

目 次

1. 情報通信ネットワークの基礎

1.1 ネットワーク発展の経緯 …………………………………………………… *1*
1.2 ネットワーク要素と基本機能 ……………………………………………… *10*
1.3 プロトコルとOSI階層モデル ……………………………………………… *11*
1.4 ネットワークアーキテクチャ ……………………………………………… *18*

2. ネットワークの機能と形態

2.1 サーバ-クライアント型ネットワークとピアツーピアネットワーク
　　…………………………………………………………………………………… *20*
2.2 コネクション型ネットワークとコネクションレス型ネットワーク… *22*
2.3 コネクション型通信とコネクションレス型通信 ……………………… *30*
2.4 ネットワークの構造と形態 ………………………………………………… *36*
2.5 メディア共有型トポロジー ………………………………………………… *37*
2.6 物理リンクと論理リンク …………………………………………………… *38*
2.7 伝送媒体ネットワーク，パスネットワーク，回線ネットワーク …… *39*

3. 情報メディアのディジタル符号化

3.1 情報源の符号化 ……………………………………………………………… *44*
3.2 ナイキストの定理 …………………………………………………………… *46*
3.3 音 声 符 号 化 ……………………………………………………………… *47*
3.4 オーディオ情報符号化 ……………………………………………………… *53*
3.5 画 像 符 号 化 ……………………………………………………………… *53*

4. ディジタル伝送

- 4.1 アナログ伝送とディジタル伝送 …………………………… 61
- 4.2 伝送媒体 ……………………………………………………… 63
- 4.3 ディジタル変調 ……………………………………………… 68
- 4.4 ディジタル中継伝送 ………………………………………… 69
- 4.5 多重化方式 …………………………………………………… 72
- 4.6 ラベル多重方式と時間位置多重方式 ……………………… 73
- 4.7 非同期多重方式と同期多重方式 …………………………… 75
- 4.8 ビット同期とオクテット同期 ……………………………… 76
- 4.9 伝送ハイアラーキ …………………………………………… 78

5. ネットワークアクセス

- 5.1 アクセスネットワークとコアネットワーク ……………… 81
- 5.2 xDSL …………………………………………………………… 83
- 5.3 光アクセス …………………………………………………… 89
- 5.4 ケーブルアクセス …………………………………………… 94
- 5.5 ISDNアクセス ………………………………………………… 96
- 5.6 UNIとNNI …………………………………………………… 100

6. マルチアクセス制御

- 6.1 ペイロード, スループット, ネットワーク負荷率 ……… 102
- 6.2 共有メディアとマルチアクセス制御 ……………………… 104
- 6.3 ランダムアクセス型プロトコル …………………………… 109
- 6.4 送信権巡回型プロトコル …………………………………… 113
- 6.5 チャネル割り当て型プロトコル …………………………… 118

7. ネットワーク層プロトコル

- 7.1 電話ネットワーク ……………………………………………………… *119*
- 7.2 インターネット …………………………………………………………… *120*
- 7.3 アドレス，端末の識別情報 ……………………………………………… *128*
- 7.4 静的経路制御と動的経路制御 …………………………………………… *135*
- 7.5 電話ネットワークの経路制御 …………………………………………… *136*
- 7.6 IPネットワークの経路制御 ……………………………………………… *137*
- 7.7 輻輳制御機能 ……………………………………………………………… *139*

8. トランスポート層とフロー制御

- 8.1 インターネットにおけるトランスポート層 …………………………… *141*
- 8.2 UDP ………………………………………………………………………… *143*
- 8.3 TCP ………………………………………………………………………… *145*
- 8.4 TCP転送ポリシーと輻輳制御 …………………………………………… *149*
- 8.5 輻輳ウィンドウとスロースタート ……………………………………… *150*

9. 通信品質

- 9.1 通信品質アーキテクチャと品質評価 …………………………………… *152*
- 9.2 通信品質の3×3マトリクス ……………………………………………… *158*
- 9.3 電話およびISDN ………………………………………………………… *159*
- 9.4 インターネットトラヒック評価および品質測定技術 ………………… *162*
- 9.5 IP電話品質 ………………………………………………………………… *163*

10. トラヒックエンジニアリング

- 10.1 トラヒック設計 …………………………………………………………… *167*
- 10.2 通信トラヒックと呼量 …………………………………………………… *169*
- 10.3 通信トラヒックモデル …………………………………………………… *170*

10.4	回線交換ネットワークにおける交換機出回線数	173
10.5	パケット通信のトラヒック設計	174
10.6	大群化効果と分割損	176

11. VoIP ネットワーク

11.1	IP　　電　　話	178
11.2	電話番号計画と IP アドレス	180
11.3	IP 電話番号と IP アドレス変換	181
11.4	IP 電話の基本構成	183
11.5	プロトコルモデル	184
11.6	H.323 制御プロトコル	186
11.7	SIP	189

12. 次世代ネットワーク (NGN)

12.1	NGN の背景と狙い	193
12.2	NGN の段階的発展	198
12.3	NGN の概要と基本構造	201
12.4	NGN アーキテクチャ	203
12.5	NGN の構成例	205

引用・参考文献	207
索　　　引	212

1章 情報通信ネットワークの基礎

1.1 ネットワーク発展の経緯

　情報通信ネットワークの主なものには，電話ネットワーク，コンピュータネットワーク，インターネットがある。それぞれのネットワークは，異なる目的のためのネットワークとして独自に発展してきた。

〔1〕 電話ネットワーク

　電話ネットワークは，電話サービスを主に提供する。テレコムネットワークあるいは電気通信ネットワークともいう。

　電話ネットワークは公衆通信サービスの提供が主目的であり，あまねく通信サービスを提供することに主眼が置かれていた。ほとんどの国では，郵電省あるいは PTT などの国の機関が直営していたか，あるいは，1985 年の電気通信市場開放以前の日本のように日本電信電話公社（現 NTT）や国際電信電話株式会社（現 KDDI）のような公的な機関が独占運営していた。例外として，米国やフィリピンなどのように，当初から複数の民間会社が運営している少数の国もある。

　公的機関あるいは民間企業のいずれによって事業運営されている場合も，基本的な電話サービスは社会基盤として位置づけられており規制対象である。

〔2〕 コンピュータ通信ネットワーク

　コンピュータが貴重資源であった時代にコンピュータを複数ユーザで共有するために構築されたのが，コンピュータ通信ネットワークの始まりである。大

学の計算機センター間，あるいは，大型計算機とクライアント端末との間の相互接続のためのネットワークとして構築された。日本では，1981年に構築された大学間コンピュータネットワークが代表例である[1]。

〔3〕 パソコン通信

一般ユーザを対象にしたコンピュータ通信サービスは，1987年から1990年にかけてパソコン通信サービスとして提供が開始された。これらは，電話ネットワークを利用したモデムによるデータ通信であり，ダイヤルアップにより，無手順アクセスを用いたサーバへの接続サービスである。サーバ-クライアント型ネットワーク上で，チャットサービス，情報検索サービスなどを提供した。1995年ごろからのインターネットの急速な普及を背景に，逐次 TCP/IP (transmission control protocol/Internet protocol) を採用し，これらのサービスは，インターネット接続サービスと統合された。現在では，パソコン通信サービスはインターネット接続サービスのメニューの一部として提供されている。

〔4〕 インターネット

ネットワークの一部に障害が生じても通信途絶とならない軍事用ネットワークとして，米国防省高等研究計画局 ARPA (Advanced Reserach Project Agency) が開発した実験ネットワーク ARPAnet (1969年) が原型である。その後，米国政府機関・大学などの研究機関が開発と運用を引き継ぎ，1980年代に現在の TCP/IP を正式に採用し，1990年に商用化された後は民間主導で発展してきた。ちなみに，日本では1993年に最初の商用インターネット接続サービスが開始された。

コンピュータ通信ネットワークとインターネットは，当初は，以上のような経緯から専門知識を持つユーザやコンピュータの専門家を対象にしていた。

〔5〕 ネットワークとアプリケーションの発展

これらの情報通信ネットワークは，開発の目的が異なり，ユーザ層が異なり，また，ネットワーク事業者も通信機器ベンダも異なっていた。

ディジタル技術の発展によって，通信・放送・コンピュータの技術の境界が明確でなくなり，技術統合が進んでいる。すなわち，電話ネットワークであっ

ても電話サービスのみならずデータ通信サービスやインターネットアクセスを提供している。

1995年代以降にインターネットが広範に普及すると，無手順などの独自のプロトコルを採用していたパソコン通信ネットワークが，TCP/IPを採用し，インターネットとの接続サービスの提供もあわせて開始するなど，これらのパソコン通信ネットワークとインターネットとの差が明確でなくなった。

インターネットにおいても，ADSL（asymmetric digital subscriber line，非対称ディジタル加入者線），FTTH（fiber to the home），ケーブルテレビによるブロードバンドアクセスの普及により，IP（Internet protocol）電話（インターネット電話）サービスやインターネットファックスなどの，従来の電話サービスやファクシミリサービスとほぼ同等のサービスを提供している。さらに，インターネットによるテレビ配信を行うIPテレビの開発も進められている。

一方，回線ネットワークとして構築された電話ネットワークのIP化が主流になりつつある。将来的には，すべてをIP化する全IPネットワークとして従来のすべての情報通信サービスを提供する次世代ネットワーク（NGN：next generation network）へ移行が進められている。

ネットワークインフラストラクチャのディジタル化，移動通信，ISDN（integrated services digital network）とインターネットなどの情報通信ネットワークの展開を図1.1に示す。

ネットワークとアプリケーションが，たがいに影響を与えつつ発展して，NGNへと統合可能となった背景の一つに，ネットワークアーキテクチャの確立が挙げられる。

ネットワークアーキテクチャの確立により，ネットワークの転送機能とアプリケーション提供機能が明確に定義され，それぞれがそれぞれの内在的な発展シナリオに従い，かつ，外部からの要求条件に対応して機能の高度化を可能とした。すなわち，ネットワークはネットワーク技術の発展を取り込みつつ高度なネットワークへとして発展し，アプリケーションはネットワークの発展とは独立に進化した。

1. 情報通信ネットワークの基礎

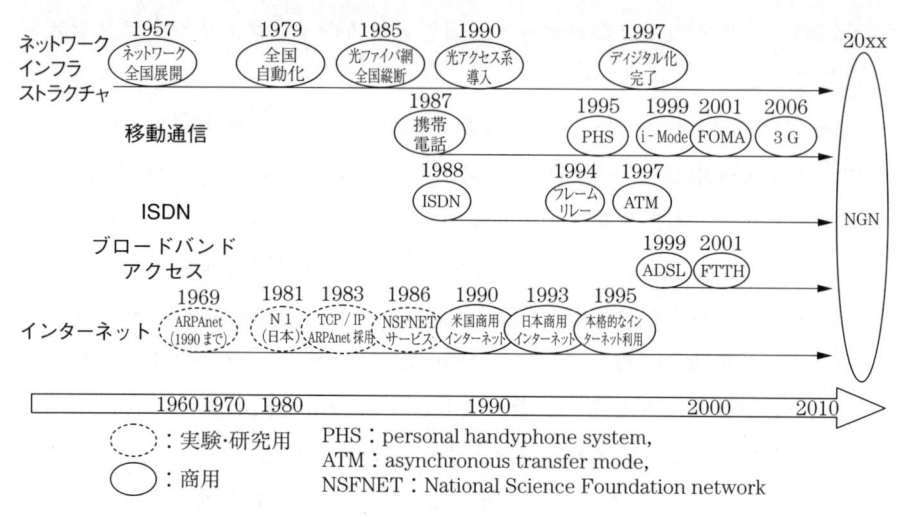

ネットワークインフラストラクチャ	1957 ネットワーク全国展開	1979 全国自動化	1985 光ファイバ網全国縦断	1990 光アクセス系導入	1997 ディジタル化完了				20xx
移動通信				1987 携帯電話	1995 PHS	1999 i-Mode	2001 FOMA	2006 3G	
ISDN				1988 ISDN	1994 フレームリレー	1997 ATM			NGN
ブロードバンドアクセス						1999 ADSL	2001 FTTH		
インターネット	1969 ARPAnet (1990まで)	1981 N1 (日本)	1983 TCP/IP ARPAnet採用	1986 NSFNETサービス	1990 米国商用インターネット	1993 日本商用インターネット	1995 本格的なインターネット利用		

1960　1970　1980　　　　1990　　　　2000　　　2010

⟨破線楕円⟩：実験・研究用　　PHS: personal handyphone system,
⟨実線楕円⟩：商用　　　　　　ATM: asynchronous transfer mode,
　　　　　　　　　　　　　　NSFNET: National Science Foundation network

図 1.1　情報通信ネットワークの展開

　ネットワークにとってアプリケーションへ提供する機能が「サービス」(厳密にいえば「伝達サービス」)であり，アプリケーションにとってはエンドホストや通信端末を通してユーザに提供するものが「サービス」である。このように，「サービス」の普遍的な概念は，OSI (open systems interconnection) の階層モデルとして確立された。

　ネットワークアーキテクチャが確立される以前には，情報通信ネットワークは，特定のサービス専用ネットワークとして開発された。例えば，テレックス網や，データ通信網などがこのような例である。電話ネットワークも当初は電話サービスに専用のネットワークであった。このようなネットワークはサービス個別ネットワーク (service dedicated network) と呼ばれる。

　サービス個別ネットワークでは，ネットワークとアプリケーションは一体のものとして設計された。アプリケーションが固定であれば一体設計が最も経済的である。しかし，アプリケーションのバージョンアップとそれに必要なネットワークの機能向上は，同時に行う必要がある。

　ネットワークアーキテクチャに従ったネットワーク転送機能レイヤ (下位階層機能) と高機能レイヤ (上位階層機能) との分離により，ネットワークは情

報転送に専念する。この情報転送機能がアプリケーション（上位階層）機能とのインタフェース条件を満足する限り，アプリケーションは独自の発展が可能となった。

〔6〕 **ネットワーク効果**と**情報通信**にかかわる**諸法則**

ハードウェアとソフトウェア技術の進歩によって情報通信技術（ICT：information and communications technology）は，加速度的に発展している。この発展にかかわるいくつかの経験的法則が知られている。

① メトカーフの法則（Metcalfe's law）　ネットワーク効果（network effect）あるいはネットワーク外部性（network externality）は，経済学の分野では，「財・サービスの消費者が多ければ多いほどその財・サービスから得られる効用が高まる効果」として知られている[2]。ネットワーク効果は，情報通信分野では，メトカーフの法則と呼ばれている。メトカーフの法則によるとネットワークの効用は，ユーザ数を n として次式で与えられる。

$$\text{ネットワークの効用} = \frac{n(n-1)}{2}$$

すなわち，ネットワークの効用は接続可能な通信相手の組み合わせ数に比例しているとするものである（図1.2）。

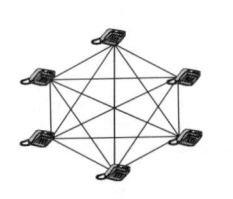

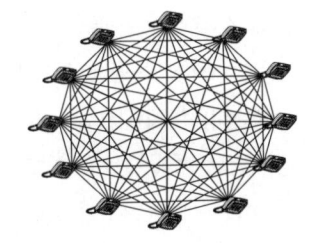

図1.2　ネットワーク効果

ファクシミリや電話機は1台だけでは役に立たない。すなわちネットワークの効用はゼロである。2台以上あって始めて効用が発生する。上のネットワークの効用を与える式によると，ユーザ数を n としてネットワークの効用は，$O(n^2)$ のオーダーで増大する。すなわち，ユーザ数が多ければ多いほど効用

は増大する.少数のユーザしかいない状態では効用は小さく,ある量を超えると効用が飛躍的に増大し,ユーザ数も急激に増大する.この量をクリティカルマス(臨界量)といい,この量に達した後のユーザ数が増大する状態をロックインという.情報通信ネットワークの最大効用とは,世界中の全ユーザと接続可能なことである.効用最大化のためのグローバルな接続技術条件を保証するものが国際技術標準である.

② ムーアの法則(Moore's law)　X.25パケット通信は,すべてをソフトウェアで処理するため,高速化の上限は,ソフトウェア処理速度の制約から数Mbpsであるとされていた.X.25パケット通信のスループットの上限を超えるためにデータリンクレイヤによるパケットフレーム中継手順を簡略化したフレームリレーサービス(FMBS:frame mode bearer service),物理レイヤによるセルリレー手順の簡略化と情報ブロックを固定長としたATMセルリレーサービスが開発された.フレームリレーサービスでは,最大で45Mbps程度,ATMセルリレーサービスでは150〜600Mbps程度のスループットが可能である.

X.25パケット通信は,前提としている伝送リンクの性能が十分でなかったため,誤り制御・訂正機能などが豊富であった.一方,インターネットは,IPによるパケット通信であるが,高性能の伝送リンクを前提としているため,X.25パケット通信よりも手順は簡略である.LSIの高速化により,IPルータの高速化も図られた.現在のIPパケット転送では,FTTHによるアクセス系を含めたスループットで100Mbps〜1Gbpsである.

ブロードバンドインターネットでは,電話のような双方向で実時間性が必要なサービスや,IPテレビなどの動画のストリーミング配信が可能となった.IPを基本として,通信サービス品質を保証し,かつ安全性と信頼性を具備するネットワークがNGNである.

パケット通信の高速化の歩みを図1.3に示す.

LSIの高速化と,手順の工夫により高速化が図られてきた.現在では,パケット通信によって,ナローバンドからブロードバンドにわたるさまざまな情報

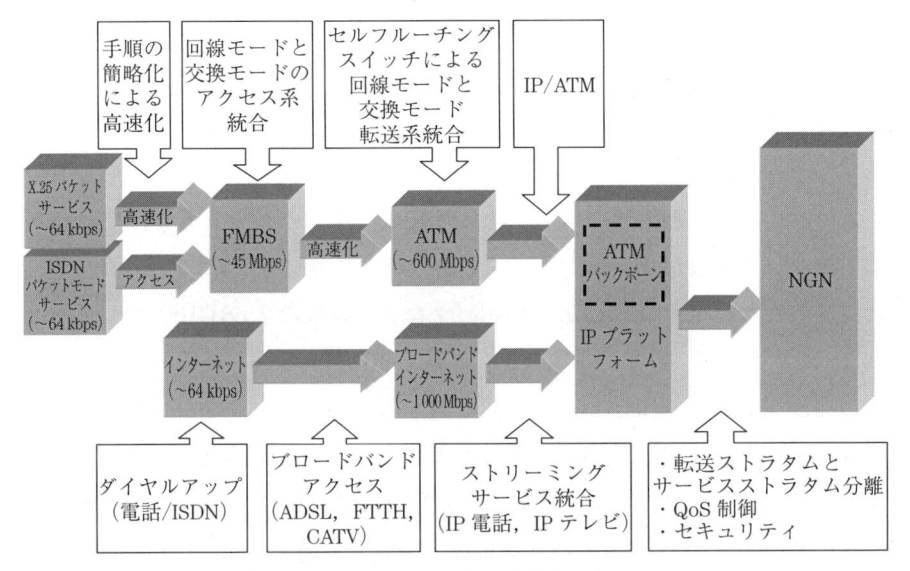

図1.3 パケット通信の高速化の歩み

通信サービスが提供可能となった。

LSI の高速化は，ムーアの法則に従って発展してきたといわれている。ムーアの法則によると，単一チップ上に集積搭載可能なトランジスタ個数は24ヶ月ごとに2倍，すなわち，7年余りで10倍になる[3]。ムーアの法則は経験則で

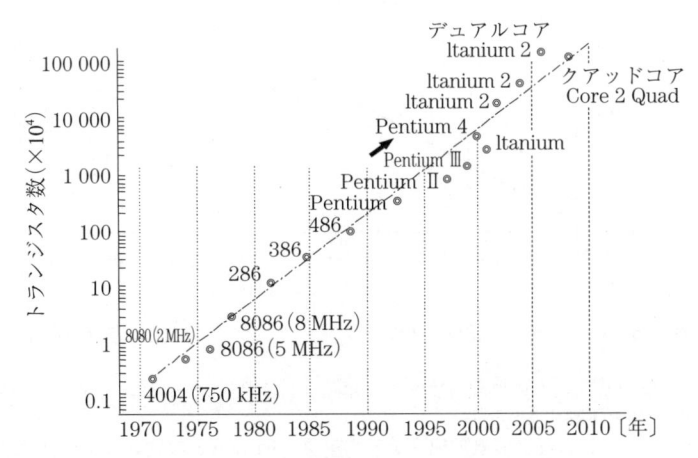

図1.4 ムーアの法則（CPU の集積度の推移）

あるが，ムーアの法則をガイドラインとしてCPUの高速化開発が行われた。現在では，パソコンによる動画信号のリアルタイム処理が可能である。CPUの高速化は，ブロードバンドネットワークとブロードバンドアプリケーションの普及をもたらした。

ムーアの法則を図1.4に示す。最初のCPU4004（クロック周波数750 kHz）のトランジスタ数が2 000個/チップであったのに対して，4コアを1チップ上に実装したクアッドコアCore2Quad（クロック周波数2.66 GHz）では約8億個/チップである。40年でトランジスタ数で40万倍，クロック周波数で3 550倍の高性能化が図られたことになる。

ちなみに，1969年に京都大学大型計算機センターに設置された大型コンピュータの性能は0.8 MIPS[†1]であった。2003年のPCのCPU（Pentium 4，3 GHz）の性能は1 000 MIPS程度である。1985年に導入されたスーパーコンピュータの性能は267 FLOPS[†2]であるのに対し，同じCPUを使用したPCの性能は1 040 MFLOPSである[4]。

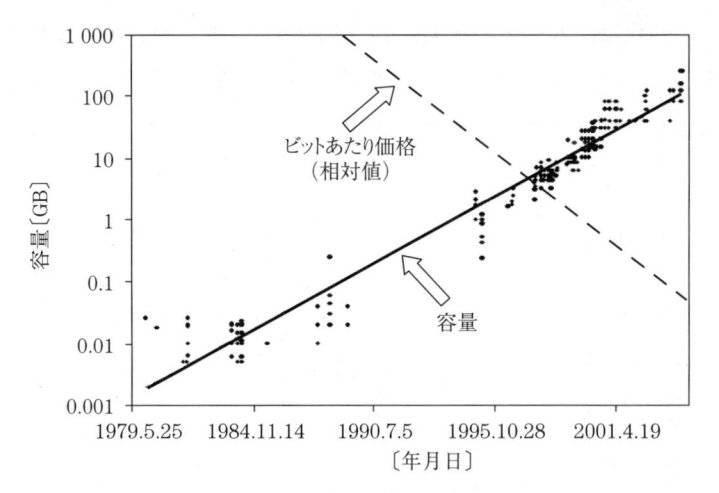

図1.5 クライダーの法則（ハードディスクドライブの記録容量の推移）

[†1] MIPS：コンピュータの処理速度を表す単位。1 MIPSのコンピュータは，1秒間に100万回の命令を処理する。

[†2] FLOPS：コンピュータの処理速度を表す単位。1 FLOPSのコンピュータは，1秒間に1回の浮動小数点数演算（実数計算）を実行する。

③ **クライダーの法則（Kryder's law）**　クライダーの法則は，ムーアの法則をハードディスクに適用したものである。その内容は「ハードディスクドライブの記録密度は15年で1 000倍になる」というものである[5]。この法則の発表当初は10.5年で1 000倍（13カ月で2倍）とされたが，これは間違いであることが判明し，後に，現在の「15年で1 000倍」に訂正された。ハードディスクドライブの記録容量の推移を図1.5に示す。さらに，ビット当たりの価格低減は，これをさらに上回り，1年で1/2のペースで低減している。

ITをめぐる諸経験則

ボブ・メトカーフ（Bob Metcalfe）は，Ethernetの発明者である。ネットワーク効果そのものについては一般的に認められているが，ネットワーク効果の定量性$O(n^2)$については異論もある。

メトカーフの法則はネットワーク効果を過大に評価し，実際には$n \log(n)$であるという研究がある[6]。

一方，メトカーフの法則はネットワーク効果を過小評価しており，実際の効用は指数関数的に増大する（$2^N - N - 1$）という研究もある[7]。

これらのよく知られた法則以外にも，情報通信分野では，つぎのロックの法則（Rock's law），ウァースの法則（Wirth's law），ICTに関するマーフィーの法則（Murphy's law）などが知られている。

ロックの法則　半導体開発ツールの価格は4年で2倍になる。開発ツールの価格上昇は半導体の価格低下より当然遅くなければならない。すなわち半導体は価格低下が必然である。

ウァースの法則　ソフトウェアの要求する処理量の増大による処理速度の低下は，ハードウェアの進歩による処理速度の高速化よりもつねに大きい。換言すると，CPUのおかげで高速処理が可能になると，高速処理を前提として開発されるソフトウェアのおかげで増大する処理量は高速化を上回る。別名ライザーの法則（Reiser's law）ともいう。

マーフィーの法則　ハードディスクはつねに満杯である。ハードディスクを増設するとデータは空きディスクを埋めるべく増大する[8]。これは，また「冷蔵庫の法則」としても知られている。すなわち，「冷蔵庫はつねに満杯である。冷蔵庫が小さくて満杯だからといって，大きな冷蔵庫に買い替えても，すぐに満杯になる。」

1.2 ネットワーク要素と基本機能

情報通信ネットワークは，ユーザ端末とユーザ端末間の情報転送のための分散配備されたさまざまな情報転送機能の集合体である。最も単純な1対1エンド-エンド接続を表現する情報通信ネットワークの基本接続構成と基本機能を図1.6に示す。

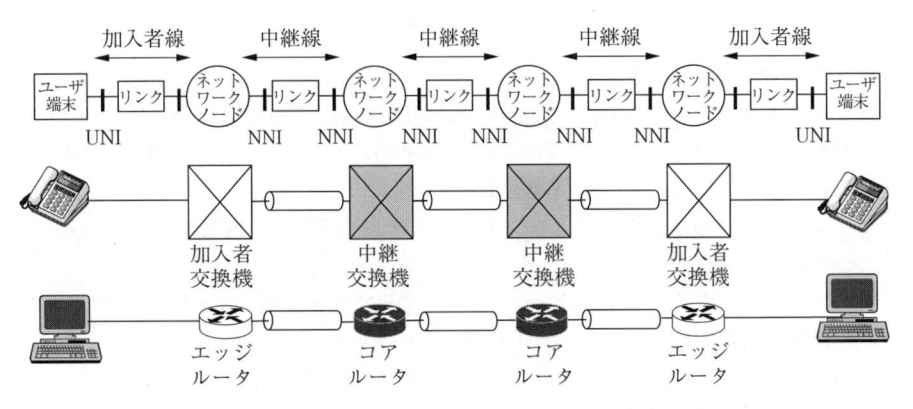

UNI：user-network interface, NNI：network node interface

図1.6　情報通信ネットワークの基本接続構成と基本機能

ネットワークの基本機能要素はつぎのとおりである。

① **ユーザ端末**　コンピュータあるいは電話などの情報通信端末である。接続モデルの終端点に位置することから，エンドノードあるいはエンドホストとも呼ばれる。ネットワークアプライアンスともいう。アプライアンスとは家庭やオフィスなどで使用する家電機器などの電気機器をさす。ネットワークアプライアンスとは，ネットワークに接続されるこれらの電気機器を意味する。

② **アクセスリンク**　ユーザ端末とネットワークのサービスノードとを接続する。電話の場合には加入者線に相当する。

③ **サービスノード**　ネットワーク内でユーザ端末にアクセス機能を提供するサーバあるいは加入者交換機である。アクセスルータ，エッジルータ，エ

ンドルータともいう。エッジとは文字通りネットワークの端（エッジ）を意味している。

④ **中継ノード**　中継転送用のコアルータ，中継ルータ，中継交換機などのネットワークノードである。

⑤ **中継リンク**　これらのノードを接続する伝送リンクあるいは伝送システムである。

ネットワークサービスは，これらの機能を統合的に使用して，エンド-エンド間（ユーザ端末-ユーザ端末間）の情報転送機能をユーザに提供する。

1.3　プロトコルと OSI 階層モデル

〔1〕階層モデル

発信ユーザ端末から受信ユーザ端末への通信の過程は，つぎのとおりである。

① 発信ユーザ端末は，通信したい情報を生成する。

交換機，ルータ，サーバ

交換機は，ダイヤルされた番号情報に基づき，複数の入回線を目的の方路への出回線に接続し経路選択を行う。ルータは IP アドレスに基づき出線選択を行う。経路選択機能という点では交換機とルータは同等の機能を実現している。

加入者交換機はユーザに接続サービス（ネットワークサービス）を提供するサーバである。それに対して，インターネットではサーバは電子メールやWWW などのサービス（アプリケーション）を提供するコンピュータをさす。例えば，メールサーバ，Web サーバなどがこれにあたる。本来のサービスを提供するものという意味では同じである。

「サーバ-クライアント通信」でいう「サーバ」は後者である。すなわち，サーバ-クライアント通信とは，片方のエンドホストがサーバで，他方がクライアントである。ただし，ネットワークから見た場合には双方ともユーザエンドノードである。

② コネクション型ネットワークの場合には発信ユーザ端末はネットワーク内のサービスノードに対して通信要求を送出する。コネクションレス型ネットワークの場合この過程を経ずに過程 ④ に進む。

③ コネクション型ネットワークの場合には，ネットワークは受信ユーザ端末までのコネクションが空いていることを確認し，空いている場合には受信端末に呼出し信号を送出する。受信端末が応答した後に，コネクションを設定する。

④ 発信ユーザ端末は，サービスノードに対して情報を送出する。

⑤ サービスノードは，発信ユーザ端末からの情報を受信し，ネットワーク内の適切な中継ノードへ向けて転送する。

⑥ 中継ノードは，サービスノードから情報を受け取り，適切な方路を選択してつぎの中継ノードへ再送信する。

⑦ 受信側のサービスノードは，中継ノードから情報を受信し，受信ユーザ端末へ情報を中継する。

⑧ 受信ユーザ端末は，そのサービスノードから情報を受信する。

情報転送を正確に行うために，通信にかかわるこれらのノードでの標準的な処理手順が定められている。この処理手順のことをプロトコル（plotocol）と呼ぶ。プロトコルは，もともと，国と国が国交のために取り決める外交儀礼のことである。

処理手順とそれに必要な機能のまとまりのよいものにグループ化し，さらに，これらの手順の前後の標準形を定めておくことが，ネットワークの複雑な機能を理解し，設計し，実装するのに有用である。OSI の 7 階層モデルはそのためのモデルの一つであり，広く使用されている[9]。

OSI の 7 階層モデルの各層の名称と基本機能を表 1.1 に示す。また，階層型プロトコルによるエンド-エンド通信モデルを図 1.7 に示す。

第 1 層～第 3 層は低位レイヤ，第 4 層～第 7 層は高位レイヤと呼ばれる。低位レイヤは，信号の転送を担当し，伝達レイヤとも呼ばれる。高位レイヤはアプリケーションにかかわる処理を担当し，高機能レイヤとも呼ばれる。ネット

1.3 プロトコルとOSI階層モデル

表1.1 OSIの7階層モデルの各層の名称と基本機能

	階層	内容と例	情報交換の単位	
第7層	アプリケーション層 (application layer)	WWW，電子メール，ファイル転送などのアプリケーションが機能するためのプロトコル。http, smtp, ftp など	APDU	高位レイヤ
第6層	プレゼンテーション層 (presentation layer)	アプリケーション層で利用されるデータの表現形式および表現形式間の変換	PPDU	
第5層	セッション層 (session layer)	セッション（通信の開始から終了までの一連の手順。エンドエンド間データの同期など）プロトコル	SPDU	
第4層	トランスポート層 (transport layer)	エンドエンド間データ転送プロトコル，信頼性の高いTCP。リアルタイム性の高いUDPなど	TPDU セグメント	
第3層	ネットワーク層 (network layer)	エンドエンド間のルーティング（通信経路選択）。IPなど	パケット	低位レイヤ
第2層	データリンク層 (data link layer)	隣接ノード間送受信のためのデータのパケット化の方法と送受信プロトコル	フレーム	
第1層	物理層 (physical layer)	データリンク層からのフレームをビット列へ変換，あるいはその逆変換。物理媒体の電気的インタフェースおよび変調方式など	ビット	

APDU : Application Protocol Data Unit, PPDU : presentation PDU
SPDU : session PDU, TPDU : transport PDU

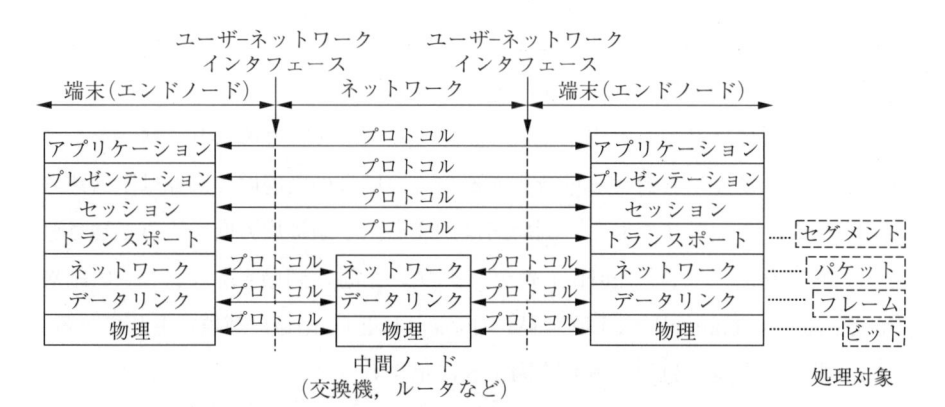

図1.7 階層型プロトコルによるエンド-エンド通信モデル

ワークは第1層～第3層を処理し，端末は第1層～第7層を処理する。

〔2〕 階層モデルの原則と実際のプロトコル

階層モデルの原則は以下のとおりである。
① 各階層の機能は，階層間にまたがることなく明確に分離されており，階層間の機能は独立である。
② 一連のプロトコル処理は，必ず各階層を一方向で処理が進むように構成される。発信端末では上位層から下位層方向へ，受信端末では下位層から上位層方向へ処理される。すなわち，各階層はプロトコル処理の時系列の順に機能配備される。一連の手順においては階層間の境界（インタフェース）を手順が往復することはない。

　パケット損失などが発生してパケット再送する場合には，正常時のパケット転送手順に対して，パケット転送が確認できなかったパケット紛失の場合の「パケット再送手順」という一巡の手順であると考えればよい。
③ 階層化とは，すべての必要な手順と機能を，階層としてグループ化することである。階層間のインタフェース条件を守る限り，各階層は他の階層に影響を与えないで，機能の改善や拡張が可能となる。
④ 階層化と実装は必ずしも対応しない。例えば，複数階層の機能を一つの機能モジュールに実装することは可能である。その場合には，機能の改善や拡張はその機能モジュール単位で可能となる。

また，必要に応じて階層内に複数のサブグループを設ける入れ子構造をもつ副層（サブレイヤ）を設ける場合もある。この場合の副層間の関係は階層間の関係と同じである。すなわち，副層間は独立で，手順は片方向にのみ処理される。副層の例として，Ethernet のデータリンク層の副層として，MAC 副層（media access control）と LLC 副層（logical link control）が規定されている。

階層型プロトコル処理の流れを図1.8に示す。

実際に実装されるプロトコルでは，7階層すべての機能が定義されない場合もある。すなわち，機能としては何も定義されない階層をもつプロトコルもある。この場合には，その階層は直下の階層からのサービスを直上の階層に中継

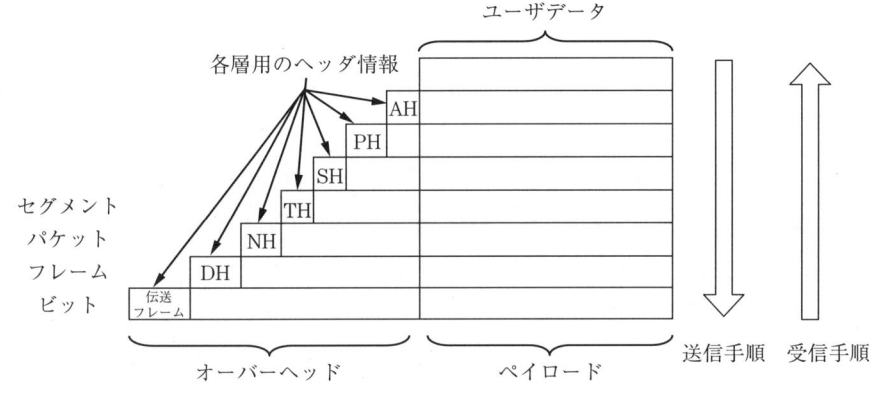

1.3 プロトコルと OSI 階層モデル

送信側：各層がそれぞれのヘッダ情報を付加して下位層へ渡す
受信側：各層がそれぞれのヘッダ情報を取り除いて上位層へ渡す

図 1.8　階層型プロトコル処理の流れ

AH：アプリケーション層ヘッダ，PH：プレゼンテーション層ヘッダ，
SH：セッション層ヘッダ，TH：トランスポート層ヘッダ，
NH：ネットワーク層ヘッダ，DH：データリンク層ヘッダ

する機能のみを持つ。例えば，専用線によるノード間接続では，固定接続されているため相手ノードまでのルート選択機能は必要ない。したがって，専用線の接続プロトコルのネットワーク層（経路選択機能）は空（null）である。

すべてのプロトコルが OSI の 7 階層モデルに準拠して開発されているわけではない。例えば，インターネットのプロトコルモデルは 5 階層である。OSI 階層モデルとインターネットプロトコルスタックの対応を図 1.9 に示す。

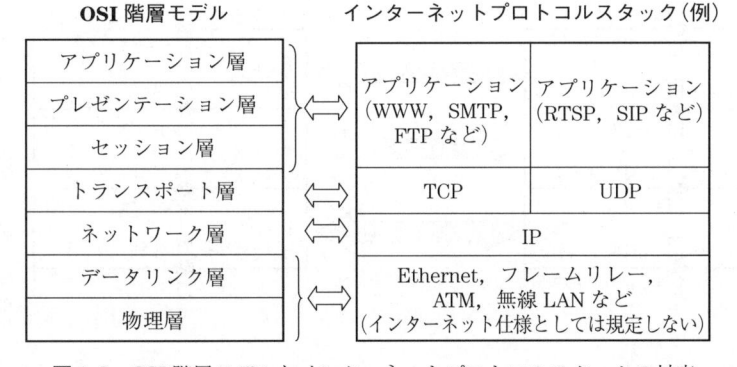

図 1.9　OSI 階層モデルとインターネットプロトコルスタックの対応

五つの階層が OSI の 7 階層モデルのどの階層に相当するかを対応付けることにより，他のプロトコルとの相互接続のためのゲートウェイなどの設計指針となる。このように，OSI の 7 階層モデルは，異なるプロトコルを持つ異種ネットワークの相互接続などに対する国際的に統一された，ものさしとしての意義が大きい。

〔3〕 サービス，サービスプリミティブ，インタフェース

各階層は，プロトコルを使用して対向するノードの同じ階層（ピア層：peer layer）と通信する。すなわち，プロトコルは，ネットワーク内の対向するノードの各層同士が，通信を開始し，通信を維持し，通信を終了するまでに必要な手続きを定めたものである。

この同じ階層同士の通信形態のことをピア間通信（peer to peer communication）と呼ぶ。すなわち，対等な（peer）階層同士の通信をさす。コンピュータ内の各階層間をインタフェース，下の階層から上の階層へ提供されるものをサービス，上の階層から下の階層への要求をサービスプリミティブ（サービス要求命令）と呼ぶ。サービスとサービスプリミティブがやり取りされるインタフェース上の場所をサービスアクセスポイント（SAP）と呼ぶ。サービスと

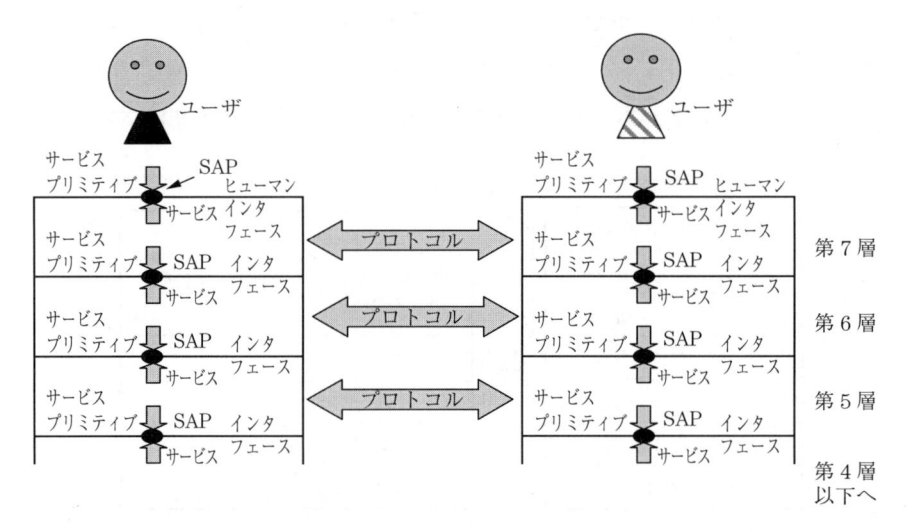

図 1.10　サービスとサービスプリミティブ

1.3 プロトコルと OSI 階層モデル

表1.2 サービスプリミティブの例

サービスプリミティブタイプ	内 容	例
要求（request）	サービスを要求	コネクション確立
指示（indication）	イベントに関する情報を要求	着信端末へのシグナル送出
応答（response）	イベントに関する応答を要求	着信端末による受信許諾
確認（confirm）	以前に出した要求に関する応答	受信端末による受諾通知

サービスプリミティブを**図1.10**に示す。サービスプリミティブの例を**表1.2**に示す。

第7層（アプリケーション層）の上位層はユーザ自身である。当然ながら，ユーザには第7層からのサービスが提供される。また，アプリケーション層とユーザとのインタフェースは，ヒューマンインタフェースあるいはマンマシンインタフェースと呼ばれる。

スイッチ，交換機，ルータ

現在では，ディジタル技術の発展により，これらのネットワーク機器の機能がそれぞれ拡張され，それらの差があいまいになりつつある。しかし，歴史的にそれぞれが独自の発展をしてきたことにより，同じ技術用語が別の語義で使用されたり，同等の機能を示すのに別の用語が使用されたりする。

前者の例として「スイッチ」，後者の例としてサービス提供機能としての「サーバ」と「交換機」，経路選択機能としての「ルータ」と「交換機」がある。

「スイッチ」は，テレコムの世界では交換機（ネットワーク層で経路選択）のことをさすが，インターネットの世界では宛先ノードが接続されているポート選択をデータリンク層でハードウェアによって高速に行うブリッジ（スイッチングハブともいう）を意味する。

商品名に技術的な用語を使用する例があるが，厳密な定義づけがなされている場合もあるし，厳密な意味で正確に使用されていない場合もある。例えば「レイヤ7スイッチ」はネットワーク機能としてのスイッチではなく複数サーバの制御あるいはアプリケーション選択制御のための機能デバイスをさす。

ちなみに交換ネットワークは「switched network」，スイッチング素子から構成される交換機内のスイッチング回路網は「switching network」，「switch network」である。

1.4　ネットワークアーキテクチャ

ネットワークアーキテクチャとは，階層化によるネットワークと端末の通信のための機能のグルーピングとプロトコル（通信規約）の体系をさす。

ネットワークアーキテクチャの対象は，相互に接続されたコンピュータの相互接続のための機能と構造である。特徴は上述した機能のグルーピングとグループ間の独立性である。

ネットワークアーキテクチャが確立する以前には，個別の特定のサービス専用のネットワークが設計されていた。そのため，サービスとネットワークのどちらか一方を変更・拡張すると，他方にも影響が出るため双方を同時に変更・拡張する必要があった。

ネットワークアーキテクチャが開発されたことにより，ネットワーク機能とサービス機能が分離された。この機能分離により，既存サービスに縛られることなく，技術の進展に応じて，ネットワークの高度化が可能となり，あるいは，既存ネットワークに縛られることなくサービスの発展が可能となるなど，

サービスとアプリケーション

サービスとアプリケーションは区別されないで，同じような意味合いで使用されることが多い。しかし，区別が必要な場合もある。

サービスとは，アプリケーションを使用して提供するパッケージであり，サービス属性としては，サービス名称，帯域・速度あるいはスループット，などベアラ属性にかかわるものと，定額サービスであるか従量制サービスであるかなどの料金（課金）属性などが定義されたものである。

これに対してアプリケーションは技術の用途，コンピュータ処理の対象ジョブ，あるいは解決すべき課題を意味する。アプリケーションとしてインターネット電話をさす場合には，信号処理と転送技術に関心があり，サービスとしてのインターネット電話に言及する場合は，料金を含む電話サービス（音声帯域，接続損失率など）に関心があることを意味する。

それぞれの技術の進歩を独立に取り入れることが可能となり，たがいに独立して多様に発展させることを可能とした。

ネットワークアーキテクチャの基本概念に階層化がある。原型は1974年にIBMがSNA（Systems Network Architecture）として発表したものである。当初は，伝送サブシステム層，機能管理層，アプリケーション層の3層構造であった。1992年ごろには，物理制御層，データリンク制御層，パス制御層，伝送制御層（以上は伝送サブシステム層を細分化），データフロー層，プレゼンテーション層（以上はデータリンク制御層を2分化），トランザクション層（アプリケーション層）の7階層構造を採用している。ベンダが共通に使用できるように，SNAの7階層モデルに基づいて開発された国際標準がOSIである。現在は，OSIの7階層モデルが一般的に使用されている。OSI階層モデルとSNA階層モデルの対応を図1.11に示す[10]。

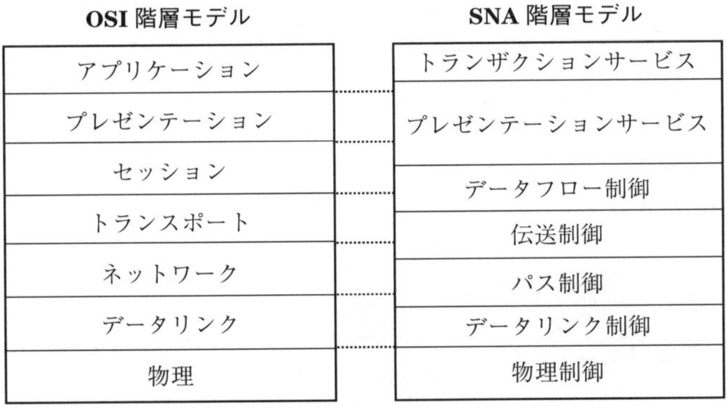

OSI 階層モデル	SNA 階層モデル
アプリケーション	トランザクションサービス
プレゼンテーション	プレゼンテーションサービス
セッション	データフロー制御
トランスポート	伝送制御
ネットワーク	パス制御
データリンク	データリンク制御
物理	物理制御

図1.11 OSI 階層モデルと SNA 階層モデルの対応

2章 ネットワークの機能と形態

2.1 サーバ-クライアント型ネットワークとピアツーピアネットワーク

ネットワークのエンドノードの役割に着目したネットワークタイプとして，サーバ-クライアント型ネットワーク（server-client network）と，ピアツーピアネットワーク（peer to peer network）あるいは簡単にP2Pネットワーク（読み方はピーツーピーネットワーク）とがある。

サーバ-クライアント型ネットワークと，ピアツーピアネットワークの通信形態を図2.1に示す。

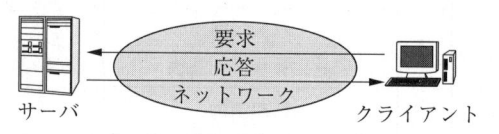

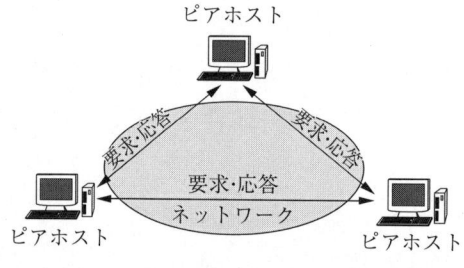

(a) サーバ-クライアント型ネットワーク

(b) ピアツーピアネットワーク

図2.1 サーバ-クライアント型ネットワークとピアツーピアネットワークの通信形態

2.1 サーバークライアント型ネットワークとピアツーピアネットワーク

サーバ-クライアント型ネットワークとは，アプリケーションサービスを提供するアプリケーションサーバとそのサービスを享受するクライアントコンピュータという，非対等関係にある2種類のコンピュータをユーザ端末とする通信形態を提供するネットワークをさす。例えば，Webサービスは，Webサーバによって提供されるホームページなどのコンテンツ情報をクライアントコンピュータが検索取得するサービスであり，サーバ-クライアント型ネットワークの提供するサービスの例である。ここでいうアプリケーションサーバとクライアントコンピュータはユーザ端末であり，ネットワーク要素であるサービスノードとしてのサーバと混同しないように注意が必要である。

これに対して，すべてのコンピュータ（ユーザ端末）が対等に他のコンピュータ（ユーザ端末）に対してサービスも提供し，かつ，他のコンピュータの提供するサービスも享受するネットワークをピアツーピアネットワークという。ここでいう「ピア」とは，対等の立場のホストコンピュータをさしている。

サーバ-クライアント型ネットワークとピアツーピアネットワークの基本構成を表2.1に示す。

ピアツーピアネットワークには，センターサーバを持たないすべてのホストコンピュータが対等なピュアP2Pと，一部の機能をセンターサーバが分担す

表2.1 サーバ-クライアント型ネットワークとピアツーピアネットワークの基本構成

タイプ	サーバ-クライアント型	ハイブリッドP2P型	ピュアP2P型
接続構成			
構成要素	○ クライアント ● センターサーバ	○ ピアホスト ● センターサーバ	○ ピアホスト
ファイル探索・検索	センターサーバ	センターサーバ	ピアホスト
ストレージ	センターサーバ	ピアホスト	ピアホスト
例	SETI@home	Napster, WinMX, CoopNet*	Gnutella, Freepoint, Winny

＊Cooperative Networking

るハイブリッド P2P がある。

類似の用語に,「ピアツーピア通信」と「ピア間通信」がある。これらは,OSI の 7 階層モデルの同一階層間（ピア階層間）で行う通信を意味するので注意が必要である。この場合の「ピア」は,対等な立場の同一階層を意味する。

2.2 コネクション型ネットワークとコネクションレス型ネットワーク

通信の設定方式に着目すると,情報通信ネットワークにはコネクション型ネットワークとコネクションレス型ネットワークがある。

回線交換ネットワークでは,通信に先立ちネットワーク資源である回線（circuit,あるいはコネクション connection）を設定し,回線により通信を提供する。パケット交換ネットワークでは,通信に先立ちネットワーク資源である帯域（仮想回線 VC : virtual circuit,あるいは仮想コネクション virtual connection）を確保（仮想回線設定）し,通信サービスを提供する。通信開始に先立って行う手順を回線設定（仮想回線設定）,コネクション設定（仮想コネクション設定）と呼ぶ。

通信の開始から終了までを呼（call）と呼ぶ。「呼」の読み方は「こ」で正しいが,一音で紛らわしいため「よび」と呼ぶこともある。パケット通信では仮想呼（virtual call）と呼ぶ。回線設定（仮想回線設定）はまた,呼設定（仮想呼設定）とも呼ぶ。

コネクションレス型ネットワークでは,通信開始に先立って,回線あるいは仮想回線などのネットワーク資源の確保は行わない。すなわち,転送すべき情報が発生するとネットワークの負荷状態にかかわらず,ネットワークに向けて転送する。

〔1〕 コネクション型ネットワーク

コネクション型ネットワークには回線交換ネットワークとパケット交換ネットワークとがある。電話ネットワークはコネクション型ネットワークの代表的

なものである。

電話ネットワークでは，発信ユーザ端末からの通信要求を受信すると，まず，ネットワーク資源（回線）と受信ユーザ端末がその通信要求に対して，サービスを提供できるかをチェックする。新たな通信要求に対して，回線を提供可能な場合には，その回線を保留して，受信ユーザ端末を呼び出し，同時に発信ユーザ端末に対しては，呼出音（ringback tone）を送出する。受信ユーザ端末が応答すると回線設定され，その回線を用いて通信は開始される。受信ユーザ端末応答までのプロセスがコネクション設定である。

回線，あるいは受信ユーザ端末のいずれかが，他の通信によってすでに使用されているために，新たな通信要求を受け付けられない場合，話中音（busy tone）を発信ユーザ端末に送出する。

このように，ユーザ情報の転送開始，電話の場合には，通話に先立って，ネットワーク資源の予約手順（コネクション設定手順）を必要とするネットワークが，コネクション型ネットワークである。

コネクション設定フェーズ，通話フェーズとコネクション解放フェーズのプロトコルの働きを図2.2に示す。コネクション設定フェーズでは，端末の下位階層とネットワークの下位階層とが協調してネットワークコネクションを設定する。通話フェーズでは，端末のすべての階層が起動し，ネットワークは転送のみを行う。

回線交換における呼接続手順を図2.3に示す。

ネットワーク資源がすべて使用中のために，新たな通信要求を受け入れることができない場合（ネットワーク話中），あるいは，受信ユーザ端末が話中（ユーザ話中）の場合には，ネットワークは発信ユーザ端末に対して話中音を送出する。ネットワークによっては，これら2種類の話中を区別した2種類の話中音を送出するものと，区別しないで同じ話中音を送出するものがある。日本では，後者を採用している。

X.25パケットネットワークは，電話ネットワークと同様に通信品質を保証するために，通信開始に先立ってネットワーク資源の予約を行うコネクション

24   2. ネットワークの機能と形態

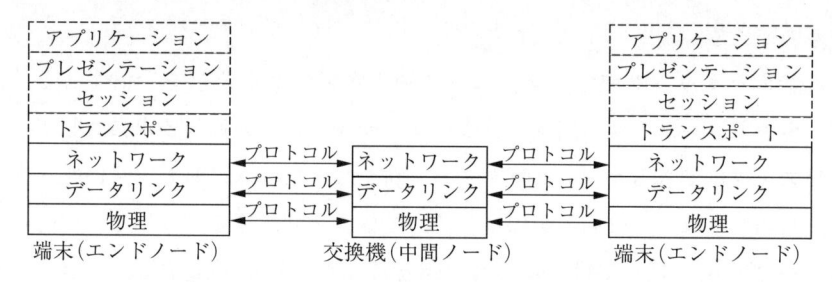

（a） コネクション設定・解放フェーズ

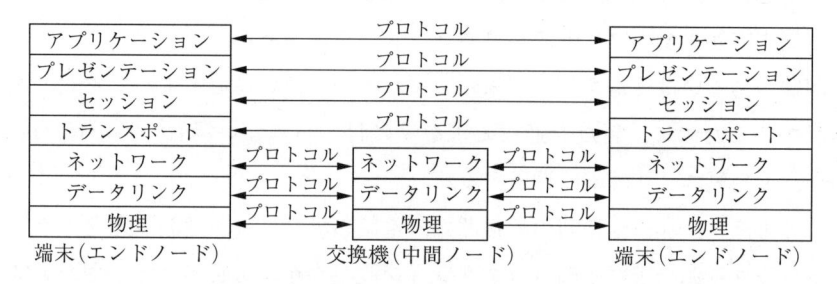

（b） 通話・ユーザ情報転送フェーズ

図2.2 コネクション設定・解放フェーズと通話フェーズのプロトコルの働き

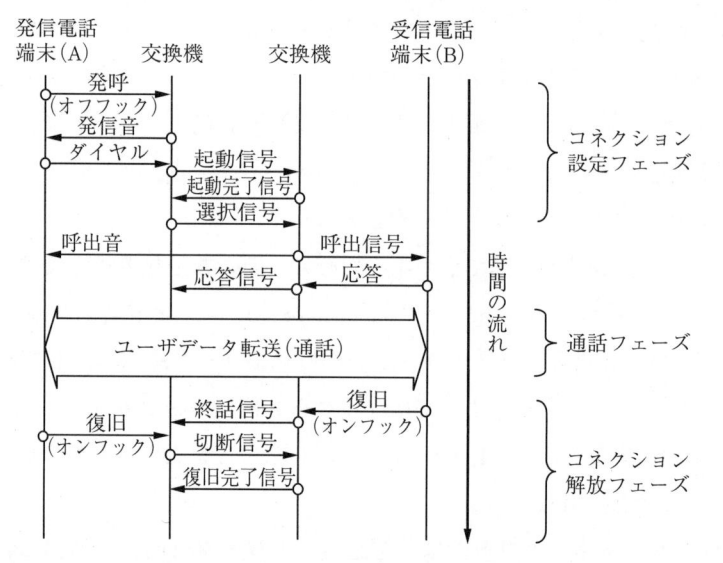

図2.3 回線交換における呼接続手順

2.2 コネクション型ネットワークとコネクションレス型ネットワーク

型ネットワークに属する。パケットネットワークは呼ごとに占有回線を持たないので，パケット交換ノードのバッファメモリ帯域の予約を行うことにより，回線予約と同様の機能を実現している。この予約される帯域は仮想回線，仮想コネクション，あるいは論理チャネル（logical channel）と呼ばれる。

X.25 パケット交換呼接続手順を図 2.4 に示す[1]。

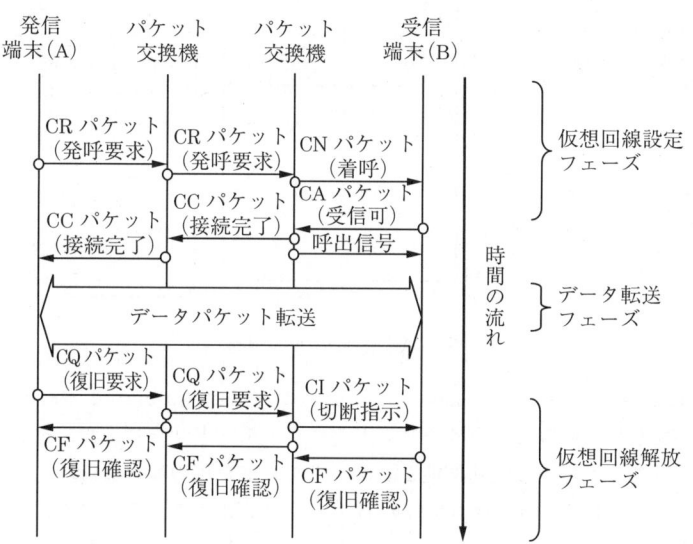

```
CR : call request,    CN : incoming call,   CA : call accepted,
CC : call connected,  CQ : clear request,   CI : clear indication,
CF : clear confirmation
```

図 2.4　X.25 パケット交換呼接続手順

ATM ネットワークは，固定長の ATM セルによってデータ転送を行う[2]。回線モード転送とパケットモード転送の双方を単一の ATM セル転送によって実現するために，通信に先立って，仮想チャネル設定により回線設定を擬似的に行う。回線ネットワークと仮想的に回線設定を行うネットワークを総称してコネクション指向型ネットワーク（connection-oriented networks）とも呼ぶ。

〔2〕 **コネクションレス型ネットワーク**

インターネットはコネクションレス型ネットワークの代表的なものである。

ATM セル長

ATM-UNI セル構造を下図に示す。

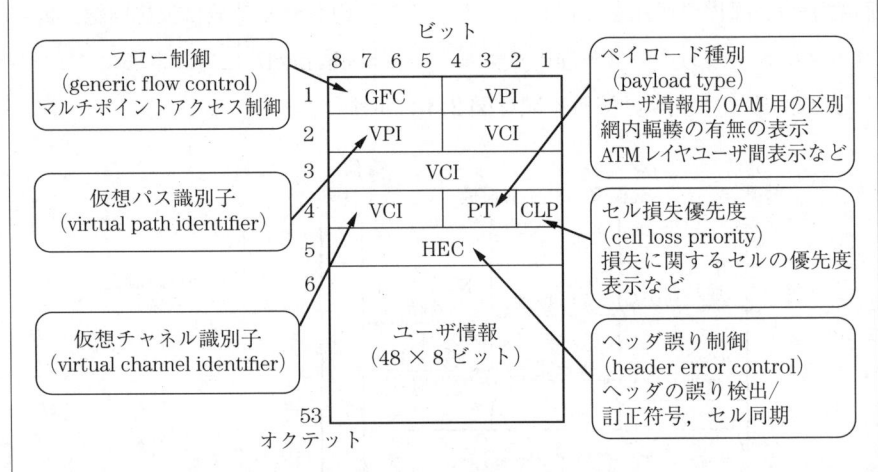

```
                      ビット
                 8 7 6 5 4 3 2 1
フロー制御              ┌─────┬─────┐
(generic flow control) 1│ GFC │ VPI │
マルチポイントアクセス制御 2│ VPI │ VCI │    ペイロード種別
                    3│    VCI    │    (payload type)
仮想パス識別子          4│ VCI │PT│CLP│   ユーザ情報用/OAM 用の区別
(virtual path identifier) 5│    HEC    │   網内輻輳の有無の表示
                    6│           │    ATM レイヤユーザ間表示など
                     │ ユーザ情報 │
仮想チャネル識別子     │(48×8 ビット)│   セル損失優先度
(virtual channel identifier)│           │   (cell loss priority)
                   53└───────────┘   損失に関するセルの優先度
                   オクテット            表示など

                                   ヘッダ誤り制御
                                   (header error control)
                                   ヘッダの誤り検出/
                                   訂正符号，セル同期
```

図　ATM-UNI セル構造

64 kbps を基本とする ISDN では，サービス総合 (integrated services) とはいいながら，回線モードサービスとパケットモードサービスが，それぞれ別個の回線モード専用の転送機能とパケットモード専用の転送機能によって提供されていた。ISDN のつぎの世代の B-ISDN/ATM ネットワークでは，ラベル多重とセルフルーチングスイッチを採用した高速 ATM セル転送によるこれら二つの転送機能統合が狙いであった。

高速化のためには，処理の容易な固定セル長が有利である。また，将来の拡張性などを考慮した機能をサポートするためには，余裕のあるヘッダ長が必要である。さらに，回線モードサービスの代表は電話サービスである。音声のセル組み立て遅延の観点からは小さなセル長が望ましい。

ITU-T において ATM セル長の世界標準を決定する際に，日本，米国，欧州から提案がなされた。それぞれ，どの要求条件を重視するかによって提案が分かれた。

欧州は音声重視，米国はデータ通信効率重視，日本は機能重視の観点から提案した。欧州提案は，ペイロード長 32 オクテット，ヘッダは伝送効率を損なわない程度の長として 4 オクテット（伝送効率約 88%）であった。米国提案は，当初案は 50～120 オクテットであったが，その後，音声に対する配慮も加えて 72 オクテット＋6 オクテット（同 92.3%），日本からは，66 オクテット

+6オクテット（同91.6%）が提案された。日本の提案は，欧州提案の32オクテットと日本提案の66オクテットとの間には音声品質の差はないことを実験によって明らかにし，音声の観点からは短セルにこだわる必要がないことを主張した。これらのATMセル長候補の考え方を**下表**にまとめる。

表　ATMセル長候補の考え方

		日本	米国	ヨーロッパ
提案の考え方		機能サポートに十分なヘッダ長と音質の関係　↓　将来の機能拡張を考えたヘッダ長：6オクテット　ペイロード長：60オクテット以上　32オクテットと66オクテットの音質の差は無視できることを実験で実証	MANとの親和性を重視　↓　マルチポイント競合制御などの機能に必要な十分なオーバヘッド長：5オクテット以上　ペイロード長：50オクテット以上	ヨーロッパ域内電話でエコーキャンセラーを使用したくない　↓　短セル長有利　音声パケット組立遅延：4 ms
		オーバヘッド長はペイロード長の10％程度		
ATMセル長	ペイロードサイズ	66オクテット	72オクテット	32オクテット
	オーバヘッドサイズ	6オクテット	6オクテット	4オクテット

　最終的には，ペイロード長は48オクテットすなわち（32＋72）÷2，ヘッダ長は5オクテットすなわち（4＋6）÷2で決着した。ATMセル長53オクテット（＝48オクテット＋5オクテット）は素数であり，技術的には致命的ではないが，スマートな解に見えないのは以上の事情によるものである。

　結果的には，5オクテットのヘッダ長は，さまざまなアプリケーションに汎用性を持たせるには不十分であり，ATM情報フィールド内にヘッダ機能の一部がはみ出すこととなった。

　ちなみに，インターネットではパケット長（ATMセル長に相当）は最大1500オクテット（Ethernetが一部に使用された場合）の可変長，ヘッダ長は最小24オクテットの可変長である。可変長パケットでありながら，動画などのブロードバンドストリーミングサービスがインターネット上でサポート可能となったのにはムーアの法則に従ったCPUの高速化が寄与している。

　インターネットプロトコルバージョン4（IPv4）では，ヘッダ長もパケット長も可変である。可変長は固定長に比べて処理が重くなるため，つぎのバージョンのIPv6では，ヘッダのみは固定長としている。

例えば，Web アクセスの場合，まずパソコン上で Web ブラウザを立ち上げると，あらかじめブラウザに設定してあるデフォルト Web サーバへのアクセスが，同時に起動される。ネットワークと Web サーバの混雑状態とは無関係に，Web ブラウザを起動すれば，アクセスのためのパケットが Web サーバに転送される。

Web サーバとネットワークが輻輳(ふくそう)していなければ，ただちに Web サーバからの応答があり，Web サーバあるいはネットワークのいずれかが輻輳していれば，待ちの状態に入り，Web サーバからの応答まで待たされることになる。一定時間以上待たされると，タイムアウトし，エラーメッセージが表示される。このように，通信要求と情報転送が同時に行われ，通信に先立つコネクション設定手順をもたないプロトコルを採用しているネットワークが，コネクションレス型ネットワークである。

Ethernet は，コネクションレス型ネットワークに属する。LAN，広域 LAN，MAN，WAN などの多くはコネクションレス型ネットワークである。

コネクション型ネットワークと，コネクションレス型ネットワークの特徴を表 2.2 にまとめる。

表 2.2 コネクション型ネットワークとコネクションレス型ネットワークの特徴

交換モード	回線交換	蓄積交換		
		セル交換	パケット交換	
回線保留単位	呼	セル	X.25 パケット	データグラム
即時/待時	即時	待時	待時	待時
転送遅延	最小	小	大	小
回線使用効率	小	大	大	大
データ形式	NA	要	要	要
誤り制御	なし	なし	あり	あり
データ長	NA	固定長	可変長	可変長
回線/チャネル	回線	仮想チャネル	仮想回線	なし
コネクション型/コネクションレス型	コネクション型			コネクションレス型

NA: not applicable

2.2 コネクション型ネットワークとコネクションレス型ネットワーク

〔3〕 QoS 保証と呼受付制御

コネクション型ネットワークにおいては，個々の通信はそれぞれにコネクション設定によって割り当てられたネットワーク資源（コネクション）を占有するため，QoS（quality of service，サービス品質）保証が可能である．それに対して，コネクションレス型ネットワークにおいてはネットワーク資源が複数の通信によって共有されるため，個々の通信の QoS 保証は困難である．

コネクションレス型ネットワークにおけるリアルタイム通信では，ユーザからのパケット送信をネットワーク側から制御する手段が存在しない．そのため，ユーザからの送信パケット量が，ネットワークで処理可能なトラヒック量を超えることが抑制できないため，ネットワークの輻輳を回避できない．

QoS 保証のためには，QoS の観点から新たに発生するユーザからの通信要求を受け付けるか否かを判断する必要がある．すなわち，新たな通信を受け付けた場合に新たな通信の QoS を保証できるか，新たな通信を受け付けることにより既存の通信中の呼の QoS を定められたレベル以下に低下させないかを判断し，これらの条件を満足する場合にのみ，新しい通信要求を受け付ける．これを呼受付制御（CAC：call admission control）と呼ぶ．

〔4〕 コネクション設定

コネクション型ネットワークの通信プロトコルは，コネクション設定フェーズとユーザ間の情報転送フェーズ，コネクション解放フェーズの三つのフェーズからなる．

コネクション設定フェーズでは，宛先までのネットワーク資源（回線あるいは接続）が確保できるかどうかチェックし，確保できる場合に受信端末に呼び出しをかけ，受信端末が応答すると接続を設定保持する．コネクション設定フェーズとコネクション解放フェーズでは，物理層からネットワーク層までの下位層のみが機能する．

ユーザ間情報転送フェーズにおいては，ユーザノードとネットワークのサービスノードの間は物理層からネットワーク層の下位層が，ユーザノード同士ではトランスポート層からアプリケーション層までの上位層が同層間で通信（ピ

アプロトコルによるピアツーピア通信）を行う。

コネクションレス型ネットワークにおいてはデータグラム（datagram）通信により情報転送を行う。すなわち，ユーザ間情報転送フェーズのみである。データグラムとは，データとテレグラムから合成された造語である。電報のように，宛先に転送できるかどうか確認できなくても，データを転送するベストエフォート方式を意味する。IP データグラムが代表的なものである。

データグラム形式と仮想回線形式による転送原理を図 2.5 に示す。ベストエフォート方式（最善努力方式）とは，可能であれば実行し，可能でなければ実行しない方式を意味する。結果が最善であることを必ずしも意味しない。

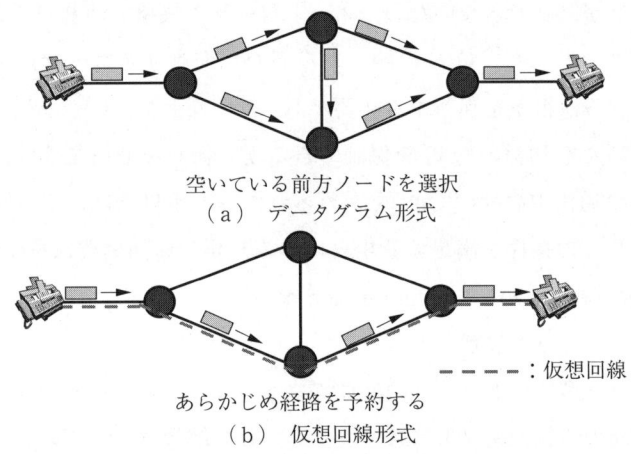

空いている前方ノードを選択
（a）　データグラム形式

―――：仮想回線

あらかじめ経路を予約する
（b）　仮想回線形式

図 2.5　データグラム形式と仮想回線形式による転送原理

データグラム形式によると，パケット順序は保存されない。そのため，複数のデータグラムでひとまとまりの通信などのように順序保存が必要な場合には，工夫が必要である

2.3　コネクション型通信とコネクションレス型通信

〔1〕　コネクションと TCP

コネクションは，OSI の 7 階層モデルの各層のピア間で定義される物理的あ

るいは論理的ピア間通信パスである。

上に述べたコネクション型ネットワークやコネクションレス型ネットワークの「コネクション」とは，ネットワーク層（第3層）コネクションに着目した概念である。

IPネットワークはコネクションレス型ネットワークであるため，ネットワーク層（IP）以下の伝達機能は目的の端末までパケットが正確に到達したかどうかを確認する手段を持たない。いわば，送りっぱなしであるため第3層以下の接続性の確認，すなわちパケット到達成否の確認はできない。

そのため，第3層以下が正常に機能しているかどうかを確認することが必要な場合には，第4層のTCP（transmission control protocol）がエンド-エンド間の情報転送の確認（TCPコネクション）を行い，第3層以下の機能の正常性を間接的に確認することにより，接続性を間接的に保証している。すなわち，信頼度の低いIPによる転送の信頼度（ネットワークの信頼度）をIPの上位層の端末のTCP（トランスポート層）が補完する役割を果たしている。

これは，例えば，葉書が無事に宛先に届く限りにおいて，通信者にとって，途中の郵便局や郵便物配送トラックが正常に稼動しているとみなしていいことと等価である。

トランスポート層のTCPによって接続確認を行っているため，パケットが到達しない場合には，ネットワーク層以下の接続性に問題があるのか，トランスポート層そのものの接続性に問題があるのか，の切り分けはできない。

先ほどの郵便に例えていえば，葉書が無事に届かなかった場合には，輸送に問題があるのか，郵便局の仕分けに問題があるのか，通信者にはわからないことに相当する。

TCPによるパケット受領確認手順によって，接続性を間接的にではあるが確認することにより，無確認手順よりは高い信頼度をもつ情報転送をコネクション型通信と呼んでいる。すなわち，コネクションレス型ネットワーク上のコネクション型通信である。

〔2〕 スチューピッドネットワーク

TCP コネクションによるネットワークコネクション正常性の間接的な確認は，ネットワークの機能に依存しないため，ネットワークは「スチューピッドネットワーク（おろかなネットワーク）」とみなされる。これは，インターネットの基本理念の一つである。

IP（第3層）は，さまざまな第2層以下のプロトコル上で機能することを狙ったものである。すなわち，TCP/IP ネットワークにおいては，第3層が第2層以下に期待する機能は単純な情報転送であり，それ以外のことはすべて第4層で行う。IP は，あらゆる伝送リンクの利用を意図しているため，第3層でフロー制御などの高度な機能を実現しようとすると，第2層以下に制約が発生する可能性がある。その制約を最大限排除するため，第3層以下は情報の単純な転送のみを行う。しかし，光ファイバ，同軸ケーブル，LAN ケーブル，無線 LAN，通信衛星などは，伝播遅延時間が異なり，伝送誤りの発生パターンなども異なる。このようなさまざまな伝送特性を持つものとの組み合わせによっては，均一の性能を発揮できない場合がある。

〔3〕 コネクションレス型通信

TCP コネクションによる通信形態をコネクション型通信と呼ぶのに対して，UDP（user data protocol）によりパケットの到達確認をしないで，発信側からの情報発生に応じたパケット転送を行う通信を，コネクションレス型通信という。

TCP による通信は，パケット転送に失敗した場合にはパケット再送を行う。それに対して UDP は，情報の発生に応じてパケットを送出する，すなわち，送信情報の都合を優先して転送を行う。TCP は，待ち時間が大きくなってもより信頼性の高い情報転送に適している。UDP は情報が途中で一部失われても転送を継続することが必要な音声通信や動画像通信に適している。

コネクション型ネットワークでは，物理的あるいは論理的に接続が設定されているため，ネットワーク層からトランスポート層に提供される情報の正常性は，ネットワーク層以下で保証されている。したがって，ネットワーク層以下

の機能正常性のトランスポート層による確認は必要ない。

〔4〕 **ネットワーク層コネクションとトランスポート層コネクション**

各階層のピア間でコネクションが張られ，ピア間通信を行う。コネクション型ネットワークの「コネクション」は，正確にはネットワーク層（第3層）コネクションである。

コネクションレス型ネットワークであるインターネット上で，コネクション型通信とコネクションレス型通信が提供される。このコネクション型通信の「コネクション」とは，トランスポート層（第4層）コネクションをさす。

コネクション型通信をサポートする第4層はTCP，コネクションレス型通信をサポートする第4層はUDPである。すなわち，第3層以下のコネクション（ネットワークコネクション）を持たないインターネットにおいては，第3層以下で相手端末まで情報が到達したかどうか確認する手段が存在しない。信頼できる通信を確保するために，第4層コネクションが情報送達確認を行い，この送達確認を持ってコネクションと同等の機能を実現している。

IPを使用するネットワークをTCP/IPネットワークと呼ぶ。TCP/IPネットワークにおいては，TCPによるパケット送達確認とパケット送達が成功しなかった場合のパケット再送が定義されている。パケット再送は遅れ時間が大きいため，リアルタイム通信には適していない。情報転送の実時間性が必要なリアルタイム通信においてはUDPを使用する。UDPは，パケット送達が成功するしないにかかわらず，情報源からのパケット送出を行う。

したがって，UDPパケットとTCPパケットが混在すると，UDPパケットはTCPパケットに対して優先的に転送される。インターネットはネットワーク自体がフロー制御機能を持たないため，トラヒック制御はTCPの送出パケット数（ウィンドウサイズ）を各端末において分散自立的に行うことによって，制御されるためである。

〔5〕 **再送制御とウィンドウ制御**

TCPによるコネクション型通信では，受信ユーザ端末がパケットを正常に受信した場合に，受信ユーザ端末は受領確認（ACK：acknowledgement，確

認信号）パケットを発信ユーザ端末に返送する。

TCPにはいくつかのバージョンが開発されている。通常，使用されているTCPではACKのみを返す。TCPのバージョンによっては，ネットワーク内でビット誤りが発生して，パケットが正しい受信ユーザ端末に届かなかった場合，あるいは，ネットワークの輻輳によってパケットがネットワーク内で棄却された場合には，受信ユーザ端末は一定時間待った後に，受領非確認（NAK：negative acknowledgement，非確認信号）パケットを発信端末に返すものもある。

TCPの確認型転送による信頼性のある通信を図2.6に示す。

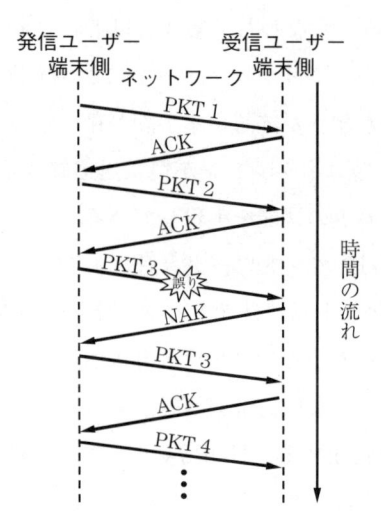

PKT：パケット
SN：sequence number

図2.6　TCPの確認型転送による信頼性のある通信

　発信ユーザ端末は，ACKが一定時間内に返信されてこなかった場合にもパケット転送に失敗したとみなす。このように，定められた時間内に期待するイベントが発生しない状態をタイムアウト（time out）という。

　伝送路の符号誤り率などの伝送品質が良好な場合には，ネットワークの品質が原因で受信ユーザ端末へのパケット転送に失敗する確率は低い。現在のネットワークは，光ファイバ伝送路を主体に構築されているため，同軸ケーブルなどの金属伝送媒体の伝送路に比較して，外来雑音などの影響を受けにくく伝送

符号誤り特性は高い品質を有している。このような場合には，ネットワークの輻輳によるパケット損失がネットワークの転送性能の支配的要因である。

TCP は，パケットが受信ユーザ端末に正常に到達しない場合には，ネットワークの輻輳が原因であるとみなしている。

伝送品質が高い場合には，ネットワークの伝送品質が原因でパケットが不達になる場合はまれである。そのような高性能なネットワークでは，一つのパケットが転送されるたびに受領確認（ACK）を行うと伝送効率が悪い。

複数の連続するパケットをまとめて送出し，この複数のパケットに対してまとめて受領確認を行えば，一つずつ受領確認を行うよりも伝送効率は高くなる。すなわち，伝送品質がよければ一度に転送するパケット数を多くすればするほど転送効率は向上する。しかし，ネットワークの伝送品質が一時的にせよ劣化した場合には，まとめて送った複数のパケットのうちの一つのパケットが無事に受信されなかった場合でも，その組のすべてのパケットを再送する必要があるため，伝送効率は一つずつ受領確認を行う場合よりも低下する。

一度に送出するパケット数をウィンドウサイズといい，このサイズをネットワークの輻輳状態に応じて制御する伝送制御をウィンドウ制御という。ウィンドウ制御の原理を図 2.7 に示す。

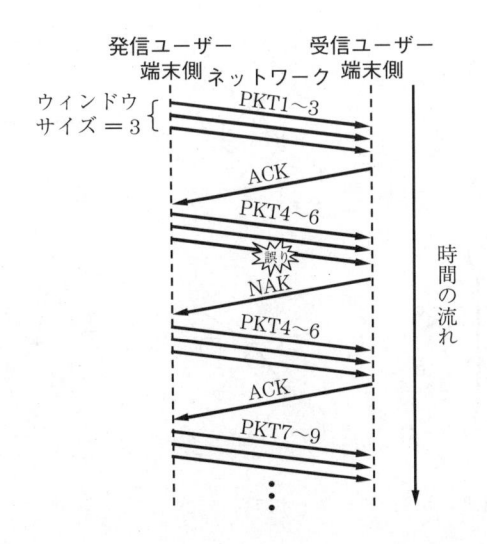

図 2.7 ウィンドウ制御の原理

2.4 ネットワークの構造と形態

物理層は OSI の 7 階層モデルの最下層であり，電気的インタフェース（電気信号の振幅波形など），機械的インタフェース（コネクタなど），時間的インタフェース（波形の時間揺らぎ，すなわちジッタなど）の電気物理的な仕様が規定されている。これらの特性は，光ファイバケーブル，メタリックケーブル，あるいは無線など使用する伝送媒体に依存するので，伝送媒体ごとに物理層の規定がなされる。物理ネットワークとは物理層が構成するリアルなネットワークである。

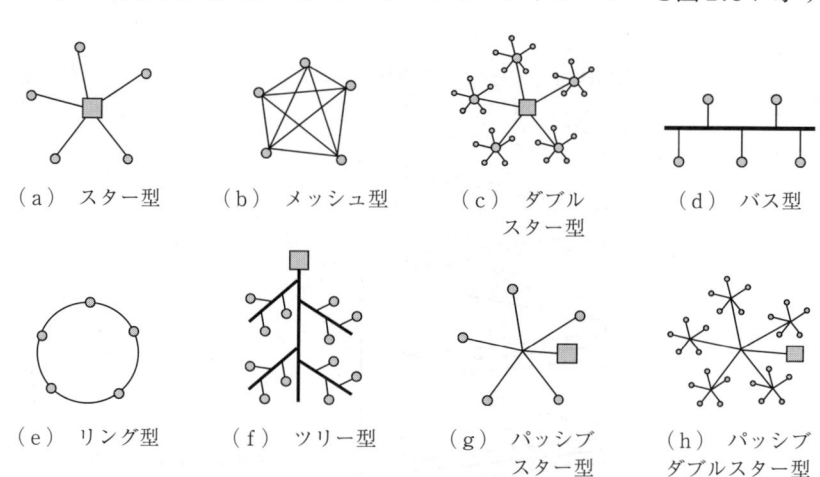

ネットワークトポロジーとはノードとリンクとの幾何学的な接続形態をいう。各通信端末や通信ノードを個別に配線する個別配線型トポロジーと，複数端末に共通のケーブルにタッピングなどをしてケーブルを共有する，共有メディア型トポロジーがある。

個別配線型には，スター型，メッシュ型，ダブルスター型などがあり，メディア共有型には，バス型，リング型，ツリー型，パッシブスター型，パッシブダブルスター型などがある。これらのネットワークトポロジーを図 2.8 に示す。

(a) スター型　(b) メッシュ型　(c) ダブルスター型　(d) バス型

(e) リング型　(f) ツリー型　(g) パッシブスター型　(h) パッシブダブルスター型

図 2.8　ネットワークトポロジー

スター型，ダブルスター型などは，従来型の電話ネットワークの加入者線の配線に用いられている．個別配線型は，メディアを占有使用する単純なポイントツーポイント形態である．

リング型，スター型，ツリー型などの名称は，その配線形状に由来し，バス型は大勢で共同乗用するバス（バスの語源はすべての人のため）と同じ機能を提供することから名付けられた．

個別配線型は，伝送メディアの最大利用可能帯域をノード間の伝送帯域に割り当てることが可能である．

それに対して，メディア共有型は，複数のノードあるいは複数のユーザで伝送メディアを共同利用するため，伝送メディア利用可能帯域をノード数で割ったものがノードあたりの最大帯域である．しかし，ノードが共同で利用するための制御が必要であり，この制御のためのオーバヘッドなどにより，帯域の利用効率は 100% を下回る．例えば，ランダムにアクセスする複数ノードが利用する ALOHA システムでは，最大帯域の 18.4% を利用できることが知られている（6.3 節 ALOHA システム）．

2.5 メディア共有型トポロジー

リング型，バス型は Ethernet などの LAN に広く用いられている．端末数の多少にかかわらず伝送メディアを共有するため，配線に手を加えることなく端末の増設が可能であり，必要なケーブル量が個別配線型に比べて少なくてすむ．しかし，リング型，バス型はメディア共有型であるため，同一の伝送メディアを複数のノードで共通に使用するために，衝突を抑制したり回避する競合制御が必須である．

パッシブスター型は，光パッシブアクセスを用いる FTTH が代表的なものである．光パッシブスターネットワークは PON（passive optical network）とも呼ばれる．光スプリッタで局側の 1 本のケーブルの光信号を，例えば，最大 32 のユーザ端末に個別配線するために最大 32 本の配線ケーブルに分割する．

当然のことながら，競合制御が必要である。

　ツリー型はメディア共有型であり，ケーブルテレビネットワークで広く用いられている。ツリー型は下り片方向同報型の通信に適している。ケーブルテレビによるインターネットアクセスやケーブルIP電話などのように上り方向の伝送が必要な場合には，中間中継増幅器としては双方向型増幅器が必要である。上り方向の伝送帯域を設け，ユーザ端末ごとに使用される個別の上りチャネル設定識別手順と帯域制御手順が必要である。

　パッシブスター型，ツリー型ともに上り，下り方向とも伝達媒体が複数ユーザ端末によって共有されるため，帯域制御が必要になる。また，共有するユーザ端末数が多くなるとユーザ端末あたりの使用可能な帯域は小さくなる。

2.6　物理リンクと論理リンク

　個別線型では，リンクと伝送メディアが1対1に対応しているのに対して，メディア共有型はリンクと伝送メディアが1対1に対応していない。すなわち，同一の伝送メディア上に，通信ノードが相異なる複数の伝送リンク（第2層）が共存している。したがって，各通信ノードはそれぞれ異なる相手ノードとの通信に用いている伝送リンクを識別する必要がある。すなわち，同一の伝送メディア上で複数の通信チャネルを特定の通信ノード間に張る必要がある。

　このように，メディア共有型では物理的トポロジーと通信に実際に使用されている伝送リンク上の情報の流れる経路トポロジーが一致していない。

　通信に使用されている情報経路を「論理リンク（仮想リンク）」という。これに対比して実際の伝送リンクを特に区別する必要がある場合には，実際の伝送リンクを「物理リンク」という。

　トポロジーに関しても，実際のケーブルの配線形態をさす物理トポロジーと，通信のための伝送リンクの形態に着目した論理トポロジーとを区別する。

　例として，リング型物理トポロジーのネットワーク上のスター型論理トポロジーの実現形態を図2.9に示す。

2.7 伝送媒体ネットワーク，パスネットワーク，回線ネットワーク　　39

（a）物理ネットワークのトポロジー　　（b）伝送リンクの使用パス　　（c）論理パスに着目したトポロジー

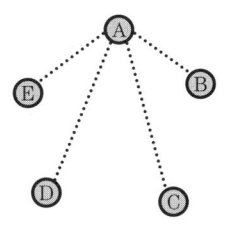

図 2.9　リング型物理トポロジーのネットワーク上の
スター型論理トポロジーの実現形態

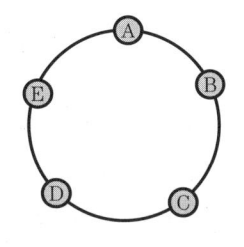

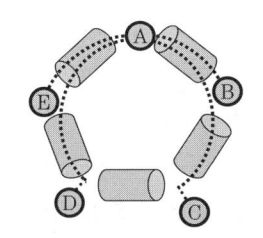

2.7 伝送媒体ネットワーク，パスネットワーク，回線ネットワーク

　伝送路の敷設は，道路，山，川などの地理的な条件によって制約を受け，自由には敷設できない。一方，東名神高速道路と同様に，例えば，東京と大阪間の伝送路は，東京と名古屋間，名古屋と大阪間の伝送路と共通に敷設することは経済的でもある。この場合には，物理的には一つの伝送路を，行き先ごとの回線群によって共通使用することが必要である。この回線群を伝送パスという。伝送パスは伝送ネットワーク設計の単位であり，必要な回線容量と必要な伝送路を媒介する。

　伝送パスは，半固定的（semi-parmanent）に設定される。このパス設定機能はクロスコネクトと呼ばれる。高速道路のインターチェンジ機能に相当する。これに対して，伝送媒体の新設や変更には，工事を伴うためそのシステムが工事によって撤去あるいは更改されるまで固定的（parmanent）に設定される。回線は，個々の通信要求に対して提供されるため，呼ごと（call by call）に設定される。

　伝送ケーブルやノード装置の敷設が可能かどうかは，山や川，道路状況，建物などの地理的物理的条件に左右され，物理ネットワークの設計は制約を受ける。地理的物理的制約条件が要求条件に合致していない場合には，論理ネット

ワークによって要求条件に適した使用形態を可能とする場合もある。これは多重伝送技術により同一伝送リンク（物理リンク）に複数の回線（論理リンク）を収容することが可能であるためである。

伝送路は，ディジタルハイアラーキ（digital hierarchy）によって定められた伝送速度系列を持つ伝送システムによって構成される（4.9節 伝送ハイアラーキ参照）。

速度系列は，種類が多いほど細かく速度設定が可能である。しかし，速度の種類を多くすると，異速度の伝送システムを接続するための多重化システムの種類が多くなる。ネットワーク設計の自由度が大きくなるとともに，ネットワークの構成要素の種類が多くなる。装置の種類は少ないほど装置コストは低く，かつ，ネットワーク設計，ネットワーク敷設，ネットワーク運用が容易である。したがって，速度系列は要求される条件を満足しつつ，いかに種類を少なくするかという観点から決定される。

通貨の系列の考え方と同様である。通貨は，1円，5円，10円，50円，100円，500円…という系列を用意してある。1円，2円，4円，8円などの2のべき乗系列も考えられなくはないが，現在の系列は，10を基底とする日常感覚をベースとし，実際の価格への対応と多種類の通貨を準備することのコストアップのバランスがよく考えられた系列である。20円，200円を追加すべきであるという議論も存在するが，現在の系列を前提に通貨選別を行うなどのさまざまなシステムが普及しており，新規追加は容易でない。通信においても，系列をいったん決定するとその系列を前提にして，端末をはじめとする全体のシステムが設計されるため，変更追加は容易ではない。

同期ディジタルハイアラーキ（SDH：synchronous digital hierarchy）では，基本速度STM-1とその直上の階梯STM-2の速度がそれぞれ155 Mbps，622 Mbpsであり，ペイロード速度差がおよそ400 Mbpsある。この速度差をトラヒックに応じて効率よく使用するのは容易でない。

伝送パスは，伝送システムの帯域を丸ごと使用しないで，より小さな帯域（パス）で細切れな使用を可能にすることにより，物理ネットワークは単純な

2.7 伝送媒体ネットワーク，パスネットワーク，回線ネットワーク

速度系列で敷設し，その小さな帯域（パス）をトラヒックに応じて割り当て，使用するためのものである。

電話ネットワークでは，パスの設定容量は6回線（384 kbps），あるいは，24回線（1 536 kbps）単位で設計する。

このパスが構成するネットワークはパスネットワークと呼ばれる。すなわち，パスとは設計単位である回線束を意味する。

伝送媒体ネットワーク（物理ネットワーク），パスネットワーク，回線ネットワーク（論理ネットワーク）の関係を図 2.10 に示す。伝送媒体ネットワークは，図では2種の伝送システムによって構成される。交換機間は，トラヒック需要が大小さまざまであるが，回線ネットワークは，この多種類の回線需要をパス数によって量子化し，パスを伝送システムの容量を超えない範囲で伝送システムに割り付ける[3]。

さらに，同一対地に対してパスを分散接続し，より高い信頼性を持たせることも可能になる。

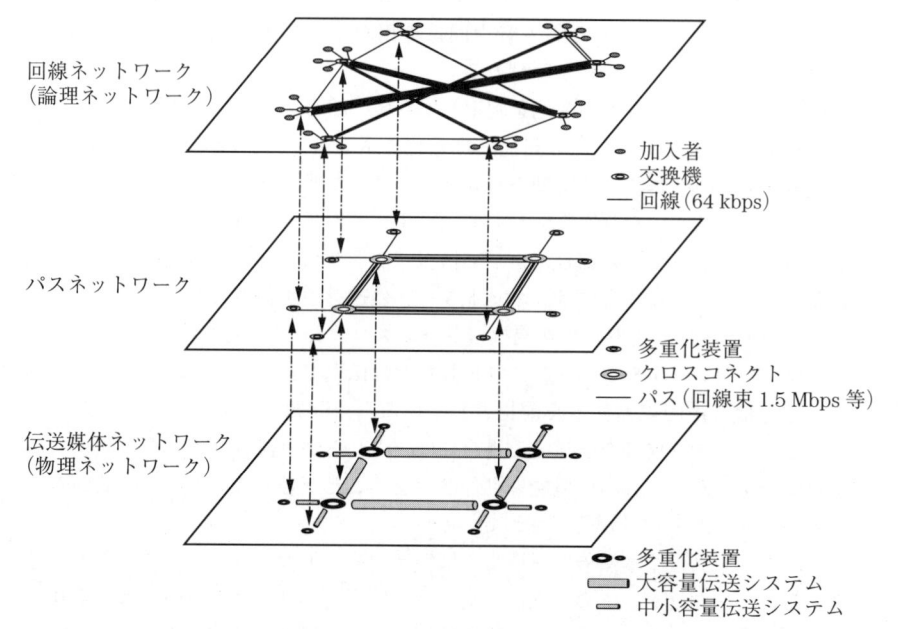

図 2.10　物理ネットワークと論理ネットワークの関係

ネットワーク透過性（その1）

ネットワーク透過性（transparency）とは，発信端末からネットワークに入力されたデータ情報の一部あるいは全部を，ネットワーク内で改変あるいは損失することなく着信端末までそのまま伝達されることをいう。

郵便物や宅配便では透過性は当然のことであるが，情報通信ネットワークでは必ずしも当然ではない。情報通信ネットワークは，情報メディアの特性をうまく利用してユーザが気付かない範囲で情報を圧縮することがある。

例えば，電話音声通信では，片方の話者が話しているときにはもう一方の話者は聞いている。両方の話者が同時に話す（ダブルトーク）と，たがいに聞き取ることが困難なためである。したがって，ネットワークの回線は，全2重通信で動作するが，実際には，ある時点で見ると片方向回線にのみ音声情報が流れている。また，相手が話し終わった直後もある間合いをおいて応答する。あるいは，一方的に片方の話者が話し続けたとしても，息継ぎや，文章やフレーズの切れ目などでは無音である。このように，回線上の音声信号には無音区間が少なからずあるため，この無音区間に，別の通話信号の有音区間を多重化して回線を複数の通話で共用することにより回線の利用効率を高めることが可能である。回線資源が貴重で高価な国際回線や長距離回線では，このような多重化伝送が行われる。このための音声回線専用の多重化装置はCME（circuit multiplication equipment）と呼ばれる。

あるいは，音声信号の相関性を利用して帯域圧縮したり，視覚特性を利用して画像信号を圧縮するなどの高能率符号化をネットワーク内で行うことにより，ネットワーク資源の利用効率を向上することなども行われる。

数値データ情報のやり取りにおいては，すべてのビット情報が同じ重みを持つため，ネットワークの都合によって情報が変形されては通信の目的は達成できない。このような場合には，ネットワークの透過性が必須となる。

CMEや音声符号化方式相互変換（トランスコーダー）が設置されている回線では，数値データやファクシミリ信号などは伝送できない。特に，ファクシミリ信号は音声回線の使用を前提としているため問題は深刻である。そのため，ファクシミリ信号を伝送する場合には，これらが設置されていない回線を選択使用するか，これらの機能を動作させないことが必要である。この制御のために「disable」信号が規定されている。

ネットワークの基本機能は伝達する情報メディア種別を意識することなく伝送することもあるが，このように，実際の広域ネットワークにおいては，より効率的な構築と運用のために，ユーザ情報メディア種別を識別することも必要

2.7 伝送媒体ネットワーク，パスネットワーク，回線ネットワーク

である。

　本来のインターネットの原則はエンドツーエンド原則であり，ネットワークの透過性が大前提であった。しかし，インターネットアプリケーションが多様になり，セキュリティやQoSの保証などの要求条件も多様化したことにより，ルータが透過的転送機能以外の機能をもち，また，NAT[†1]（network address translation）やプロキシサーバなどが導入され，透過性は失なわれている。

[†1] 一つのIPグローバルアドレスを複数のコンピュータで共有するため，複数のコンピュータのローカルIPアドレスとグローバルIPアドレスを変換する機能。

3章 情報メディアのディジタル符号化

3.1 情報源の符号化

　音声信号や画像信号はアナログ信号である。アナログ信号は連続量であり，それに対して数字・文字情報などの数値で表現できる情報は離散値をとるディジタル信号である。

　数字・文字情報などからなるディジタルデータを，アナログネットワークによって転送するためには，アナログネットワークの伝送帯域に適合するように，フォーマットを変換し，受信側では元のディジタルデータに再変換する必要がある。前者を変調，後者は復調と呼ぶ。この変復調デバイスをモデム (modem, modulator/demodulator からの造語) という。モデムは，ディジタル信号をアナログ信号に見せかけるための機能をもつデバイスである。

　アナログネットワークからディジタルネットワークへ移行すると，これとは逆に，音声信号や画像情報などのアナログ信号を，ディジタルネットワークに適合したディジタル信号に変換する必要がある。この機能をディジタル符号化といい，アナログ信号に再変換する機能を復号化という。符号化復号化機能を持つデバイスを符号器 (coder)・復号器 (decoder) という。両方の機能を持つデバイスを総称してコーデック (codec, coder/decoder からの造語) という。

　アナログネットワークへのディジタル端末収容とディジタルネットワークへのアナログ端末収容の接続構成を図 3.1 に示す。

　音声信号や画像信号などのアナログ信号をディジタル化するために，アナロ

3.1 情報源の符号化

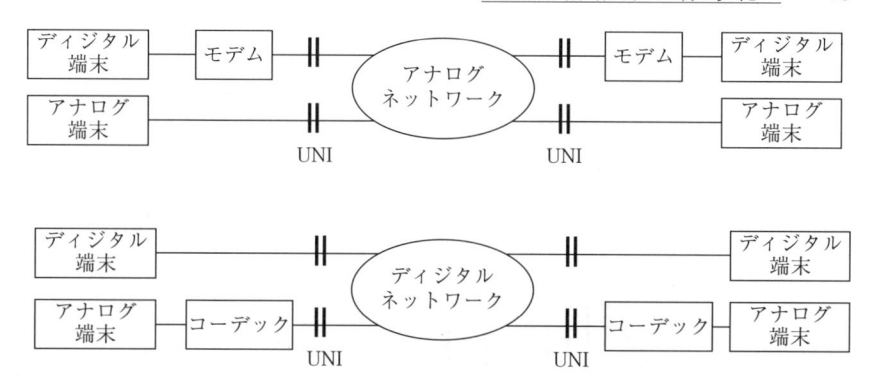

図3.1 アナログネットワークへのディジタル端末収容と
ディジタルネットワークへのアナログ端末収容の接続構成

グ信号の最大周波数の2倍以上の周波数で標本化（sampling）を行う。

標本化とは連続量であるアナログ信号の一定時間間隔の振幅値（標本）を取り出す操作をいう。標本を数値化することを量子化（quantization）という。符号化（encoding/coding）は，量子化された数値を2値表現によるディジタル信号列に変換することである。標本化，量子化，符号化を図3.2に示す。

8ビットを1標本の振幅の表現に割り当てると $2^8 = 256$ の階調（ダイナミックレンジ）を，16ビット表現の場合には65 536階調を表現できる。

ディジタル符号化とは，時間軸と振幅情報が連続量であるアナログ信号を，時間軸でまず離散的な時間軸上の振幅情報を抽出し（標本化），抽出した振幅情報量を離散数値により近似する（量子化）手法である。

ナイキストの定理により，元のアナログ情報の最高周波数の2倍以上の周波数で標本化すると，原情報は復元可能であるが，量子化には誤差が発生するため，符号化された情報には量子化誤差（quantization error）が含まれる。そのため，復号化信号は量子化誤差によるひずみを伴う。これを量子化ひずみ（quantization distortion）という。

音声信号や画像信号などのアナログ信号をディジタル通信系で転送可能なように，ディジタル符号列に変換することをディジタル符号化，あるいは，単に符号化という。符号化には原信号を標本化して量子化のみを行うPCM（pulse

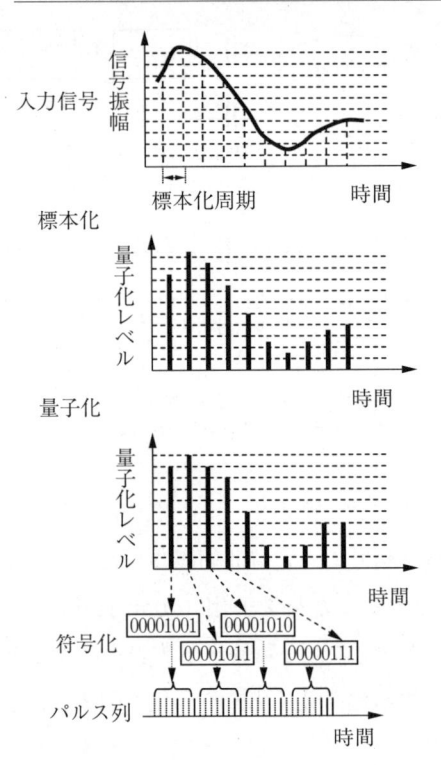

図 3.2 標本化, 量子化, 符号化

code modulation, パルス符号変調) 符号化と, 信号の相関性などを利用して帯域圧縮を行う, より伝送効率のよい予測符号化, 変換符号化などの高能率符号化がある.

　高能率符号化では, 音声信号や画像信号の特徴的な信号特性 (時間相関性, 空間相関性) と, 人間の検知特性を利用する. 帯域圧縮することによる原信号からの劣化 (差分) を人間の検知特性が許容するレベル以下に保ちながら符号量を低減する.

3.2 ナイキストの定理

　「最高周波数を f_{MAX} とする原信号を, 標本化したのち原信号を忠実に再生するためには, 最高周波数 f_{MAX} の 2 倍以上の周波数で標本化する必要がある.」

これをナイキストの定理という。標本化周波数の 1/2 の周波数をナイキスト周波数と呼ぶ。

　この定理によれば，例えば，基底帯域幅が 300 Hz～3.4 kHz である電話音声信号の場合，原理的には 6.8 kHz の標本化周波数であれば原信号を標本化することができる。実際には，ナイキスト周波数よりも高い周波数成分が原信号に含まれると，折り返し雑音が発生し，標本化された信号に雑音成分が混入する。

　折り返し雑音を避けるために，標本化の前段に低域通過フィルタを設けてナイキスト周波数以上の周波数成分を除去する必要がある。フィルタのカットオフ周波数を 6.8 kHz に設定すると，実際のフィルタ通過特性は，6.8 kHz では振幅が帯域内の平均レベルの 1/2 であり，かつ，位相が遅れる。さらに，帯域外でも信号成分が残るため，帯域内にひずみ雑音を発生する。このため，ガードバンド（6.8～8 kHz）を設けて標本化周波数を 8 kHz としている。したがって，8 ビットで PCM 符号化された電話音声信号のビットレートは

　　　8 ビット × 8 kHz ＝ 64 kbps

である。この 64 kbps がディジタル電話ネットワーク，ISDN などのディジタルネットワークの基本ビットレートである。

3.3　音　声　符　号　化

〔1〕　PCM 符号化

　電気通信ネットワークには，符号（コード）伝送を行う電信ネットワークと音声通話を提供する電話ネットワークの二つの流れがあった。電信ネットワークは歴史が最も古い。電信ネットワークで使用された符号の一つであるモールス符号は，4 種のコード（短点，長点，短スペース，長スペース）を組み合わせて文字伝送を行う，4 値のディジタル信号を扱う。モールス符号（英文）を表 3.1 に示す。

　電話ネットワークは，音声をそのままアナログ電気信号に変換し，伝達する

表 3.1 モールス符号（英文）

1. 文字		2. 数字	
・—	A	・————	1
—・・・	B	・・———	2
—・—・	C	・・・——	3
—・・	D	・・・・—	4
・	E	・・・・・	5
・・—・	F	—・・・・	6
——・	G	——・・・	7
・・・・	H	———・・	8
・・	I	————・	9
・———	J	—————	0
—・—	K		
・—・・	L	**3. 記号**	
——	M	・—・—・—	．終点
—・	N	——・・——	，小読点
———	O	———・・・	：重点または除去の記号
・——・	P	・・——・・	？問符
——・—	Q	・————・	'略符
・—・	R	—・・・・—	— 連続線，横線，または減算の記号
・・・	S	—・——・	（ 左括弧
—	T	—・——・—	） 右括弧
・・—	U	—・・・—	＝ 二重線
・・・—	V	—・・—・	／ 斜線または除算の記号
・——	W	・—・—・	＋ 十字符または加算の記号
—・・—	X	・—・・—・	" " 引用符
—・——	Y	—・・——	× 乗算の記号
——・・	Z		

アナログネットワークとして発展してきた。その後，アナログ音声信号をディジタル信号に変換する PCM 符号化方式が開発され，電話ネットワークのディジタル化が進められた。

電話音声信号の帯域幅は 300 Hz～3.4 kHz であり，8 kHz の標本化周波数で 8 ビットコードを採用している。したがって，ディジタル化された電話音声信号は 8 bit×8 kHz＝64 kbps のディジタル信号であることは前節で説明した。

通常の音声信号の平均電力はピーク電力よりも低い。この電力差をピークファクタという。音声信号のピークファクタは 18.6 dB である。8 ビット線形符号化（2^8 ＝ 256，ダイナミックレンジ約 48 dB）では，このピークファクタを考慮すると実質的には 29.4 dB のダイナミックレンジとなる。電話音声に必要

なダイナミックレンジは 40 dB とされているのに対して不十分である[1]。

PCM 音声符号化方式では，8 ビット非線形符号化（圧縮伸長）を用いて実効的に 13 ビット相当（ダイナミックレンジ約 78 dB）の符号化を行う[2]。

非直線符号化則は μ 則（μ-law），A 則（A-law）と呼ばれている。これらは瞬時圧伸とも呼ばれる非線形符号化方式である。PCM 符号化の際に圧縮（compress）し，復号化の際に伸張（expand）する。

μ 則圧縮の入力信号対出力信号を図 3.3 に示す。復号する場合には図 3.3 の入力と出力を入れ替えた逆特性の伸張を行うことにより，原信号を復元する。

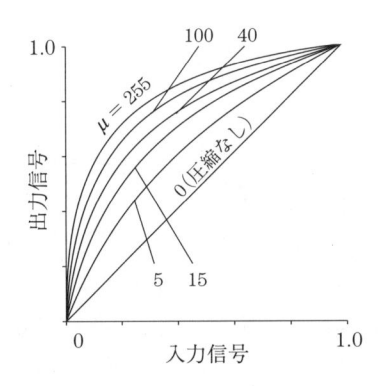

図 3.3 μ 則圧縮の入力信号対出力信号

通常，音声は大振幅より小振幅の出現頻度が高い。出現頻度の高い信号に対しての誤りを少なくすると，出現頻度の低い信号に対する誤りを少なくするよりも，信号対ひずみ雑音比（SD 比，S/D，SDR）の改善効果は高い。また，音声はダイナミックレンジが 40 dB あり，量子化レベルが一様な符号化則では小信号の SD 比が大信号の SD 比に比較して 40 dB 劣化する。瞬時圧伸では，大振幅に対しては量子化ひずみを大きく，小振幅信号に対しては量子化ひずみを小さくする圧伸特性を採用している。

μ 則の入出力特性は次式で与えられる（$\mu=255$，15 折線近似）。40 dB のダイナミックレンジにわたって平坦な SD 比を実現している。

$$y = \text{sgn}(x)\frac{\ln(1+\mu|x|)}{(1+\mu|x|)}$$

A 則の入出力特性は次式で与えられる（$A=87.6$，13折線近似）。

$$y = \text{sgn}(x)\frac{(A|x|)}{1+\mu A} \quad \left(|x| \leq \frac{1}{A}\right)$$

$$= \text{sgn}(x)\frac{(1+A|x|)}{1+\mu A} \quad \left(\frac{1}{A} \leq |x| \leq 1\right)$$

これらの入力信号振幅に対する SD 比を図 3.4 に示す[1]。圧伸による小信号の SD 比改善率は SD 比 = 26 dB において μ 則（$\mu=255$）で 30 dB，A 則（$A=87.6$）で 24 dB である。

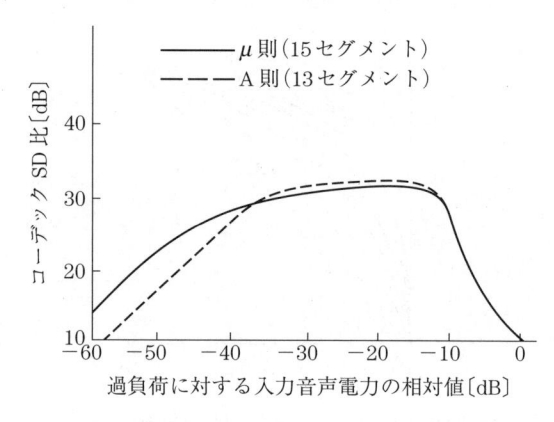

図3.4　μ 則，A 則の入力信号振幅に対する SD 比

〔2〕 高能率符号化

携帯電話に割り当てられている無線帯域資源は限られているため，より低ビットレートで音声を符号化することにより，無線帯域をより有効利用する。このような符号化方式は高能率符号化方式と呼ばれる。高能率符号化方式では，64 kbps PCM 音声信号を音声信号の相関性を利用して冗長度を削減することにより帯域圧縮する。高能率符号化方式では，ビットレートを低減するための帯域圧縮処理する単位である標本ブロックサイズが大きくなり，そのため，遅延が大きくなる。音声品質と遅延とは相反する条件である。

また，高能率符号化方式は冗長度を削減することにより，低ビットレートを実現する。そのため，伝送符号誤りに対して脆弱になる。符号誤りに対する耐

性を持たせるために，FEC（forward error correction，前方誤り訂正）などの誤り保護が併用される。

各種音声符号化方式を表3.2にまとめて示す[3]。

表3.2 各種音声符号化方式[3]

符号化方式	伝送速度〔kbps〕	標本サイズ〔ms〕	MOS	ITU-T 勧告	仕様制定年
PCM	64	0.125	3.1	G.711	1972
ADPCM	32	0.125	2.85	G.726	1990
LD-CELP	15	0.625	2.61	G.728	1992
CS-ACELP	8	10	2.92	G.729	1996
MP-MLQ	6.3	30	2.9	G.723.1	1996
ACELP	5.3	30	2.65	G.723.1	1996

ADPCM：Adaptive Differential PCM，
ACELP：Algebraic Code Excited Linear Prediction，
LD-CELP：Low Delay CELP，
CS-ACELP：Conjugate Structure ACELP，
MP-MLQ：Multipulse-Maximum Likelihood Quantization

μ則とA則

PCM通信方式の原理は，1935年にA. Reevesによって発明された。実現技術が不十分であったため，実用化されたのは半導体回路が実用化された1960年代に入ってからである。

最初のPCM伝送方式として，1962年に米国でT1システムが開発された。日本では，PCM-24方式が1964年に実用化された。これらは，いずれも，24チャネルの64 kbpsPCM音声をメタリック対線ケーブルで多重伝送するものであり，伝送速度は1.544 Mbpsである。欧州では，30チャネルの64 kbps音声を多重伝送するE1方式（2.048 Mbps）が1970年代初頭に実用化された。

ヨーロッパは米国のPCM伝送方式開発に遅れをとったが，特性面でより優れた方式の実現を目指しA則を開発した。A則は，SD比のピーク値ではμ則には劣るが，所要のダイナミックレンジ内ではSD比の変化は少ない。すなわち，ダイナミックレンジ内での音声品質は，レベル変動に対してより安定している。

PCM音声をμ則で24チャネル多重伝送するT1伝送方式に対して，ヨーロッパはA則で30チャネル多重伝送するE1伝送方式を開発した。

世界の通信ネットワークは，米国のT1方式と同じμ則・1.5 Mbpsをベースとするネットワークと，ヨーロッパのE1方式と同じA則・2 Mbpsをベースとするネットワークに大別される．相互接続の容易性の観点からは統一が望ましいが，実際には，技術戦略としてわざわざ異なる標準が採用された．

　μ則を採用しているおもな国は日本，米国，カナダであり，ヨーロッパをはじめとするその他の多くの国はA則を採用している．国際通信の場合には，1.5 Mbpsと2 Mbpsは速度が異なるため多重化したままでは相互接続できない．そのため，音声チャネルにいったん分離した後，接続相手の伝送速度に多重変換する．しかし，速度変換に加えてμ則とA則の変換が必要である．この変換はμ則のネットワーク側で行うことになっている．

　伝送路速度はT1が1.544 Mbpsに対してE1は2.048 Mbpsである．T1が物理層のオーバヘッド用に1フレーム（125 μs）に1ビットを割り当てているのに対し，E1では1フレーム（125 μs）に16ビットを割り当てている．そのため，T1ではネットワークの運用情報転送のための制約が多く，最大で24マルチフレームを構成してやりくりしている．このため，運用情報の転送速度は最大3 ms（＝24×125 μs）1ビットである．

　一方，E1のオーバヘッドはT1に比べて余裕があるため2マルチフレームを採用している．運用情報の転送速度は250 μs（＝2×125 μs）である．

　さまざまなインタフェース仕様において，将来の拡張のための余裕を，「予約ビット（reserved bit）」あるいは「予約オクテット（reserved octet）」として確保しておくことが，現在では一般的である．

　また，BSI（bit sequence independency）を確保するために，データ伝送においては1タイムスロット（8ビット）をすべてデータ転送に割り当てることができないため，8ビット中の1ビットをBSI確保のためのビットとしている．これをビットスティールあるいは，ビットロビング（bit stealing, bit robbing）という．スティール（steal）もロブ（rob）も盗むの意である．

　米国の電話ネットワークによるデータ転送の最大速度が56kbpsであるのはこのためである．さらに，モデム伝送の最大ビットレートが56kbpsであるのは米国の電話ネットワークのこのような制約によるものである．

　システムの良否を比較するのは容易ではない．最初の開発では先行指標がないため，システム諸元を決定する際に明らかでなかった課題を，後発システムでは解決することが可能である．そのため，後発システムは一般的にバランスがよくなる．すなわち「できのよいシステム」となる．テレビジョン放送方式のNTSC，SECAM，PALがその例である．

3.4 オーディオ情報符号化

　人間の聴覚のダイナミックレンジは 80〜120 dB，可聴帯域幅は 15 Hz〜20 kHz とされている。電話音声信号のベースバンド帯域幅が 3.4 kHz であるのに対して，音楽などのオーディオ情報はベースバンド帯域幅が AM 放送で 7 kHz，FM 放送で 15 kHz，音楽 CD では 20 kHz である。ダイナミックレンジは FM 放送で 73 dB，音楽 CD で 98 dB（16 ビット）である。音声信号と比較すると所要帯域幅とダイナミックレンジが大きい。各種ディジタルオーディオ情報符号化方式緒元を表 3.3 に示す。

表 3.3　各種ディジタルオーディオ情報符号化方式緒元

方式	標本化周波数〔kHz〕	量子化ビット数	信号帯域	伝送レート〔kbps/チャネル〕	備考
サブバンド ADPCM	16	4 2	50 Hz〜 7 kHz	64 32	ITU-T G.722 ITU-T G.722.1
384 kbps オーディオ符号化	32	11	50 Hz〜 15 kHz	384	ITU-T J.41
衛星テレビ音声	32	14	50 Hz〜 15 kHz	512	
音楽 CD（コンパクトディスク）	44.1	16	20 Hz〜 20 kHz	705.6	
DAT（digital audio tape）	48	16	20 Hz〜 20 kHz	768	

3.5 画像符号化

〔1〕 動画像符号化

　日本，北米で使用されている NTSC 方式によるテレビジョン動画信号のベースバンド帯域は 4.2 MHz である。NTSC 方式テレビジョン信号の周波数スペクトラムを図 3.5 に示す。

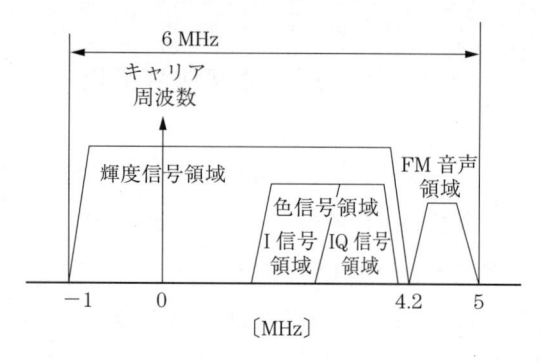

図3.5 NTSC方式テレビジョン信号の周波数スペクトラム

広く使用されているディジタル画像符号化方式には，帯域圧縮を行わず，最も単純であるがビットレートが最も大きいPCM符号化方式の他に，おもな符号化方式としてMPEG-1，MPEG-2，MPEG-4，H.264がある。当初は，MPEG-2は従来のテレビ放送並みの画像，MPEG-3はHDTV用の符号化方式として開発されたが，MPEG-2のプロファイルにHDTVを吸収したため，MPEG-3は欠番のままである。

MPEG-1は，MPEG規格として最初に制定された。動画と音声を合わせて1.5 Mbps程度のデータ転送速度を想定し，画質はVHSビデオ並みである。ビデオCDなどで利用されている。

MPEG-2は，DVD，ディジタルBS，CS，IPネットワーク配信など蓄積系，放送，通信などに汎用的に使用されている。MPEG-1に比較して高画質である。

MPEG符号化方式のブロック構成を図3.6に示す。

フレーム内画像の相関性を利用して冗長度圧縮を行う機能ブロック（離散コサイン変換）と，フレーム間画像（時間軸上）相関性を利用して冗長度圧縮を行う機能ブロック（フレーム間予測）からなり，符号量削減を行う。符号化された画像信号には，Iピクチャ，Pピクチャ，Bピクチャの3種類がある。

Iピクチャ（Intra-coded picture）は画像フレームに離散コサイン変換（DCT：discrete cosine transform）したもので符号量は削減されているが，全

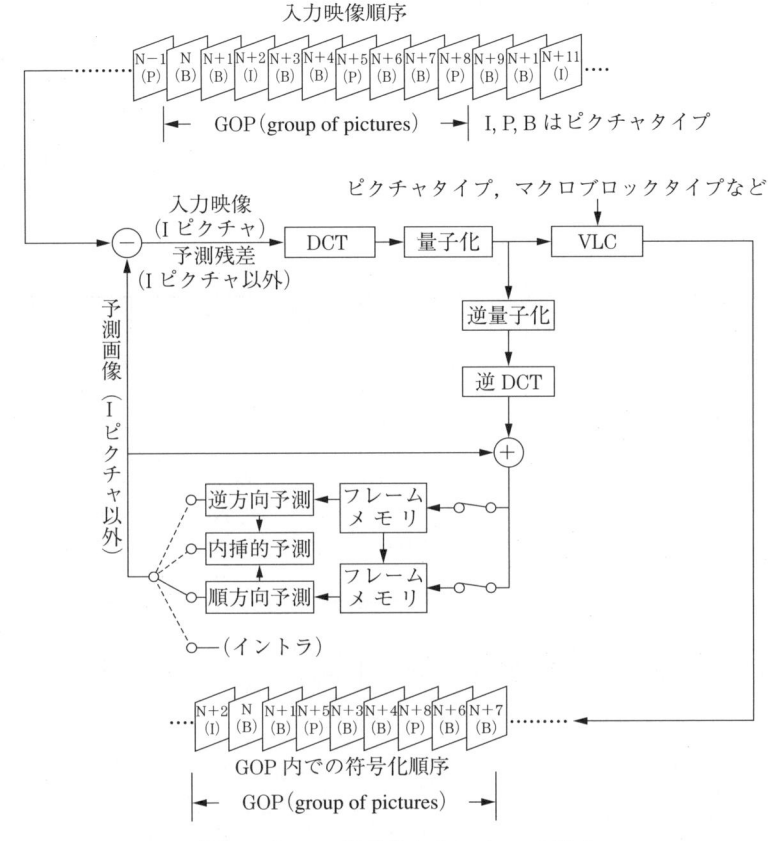

図3.6 MPEG符号化方式のブロック構成

画面情報を持つ.

Pピクチャ（Predicted picture）は，前フレームのIピクチャまたはPピクチャから予測によって得られた差分画像で，当然，情報量はIピクチャよりも削減されている．

Bピクチャ（Bi-directionary predicted picture）は，前フレームと後続フレームから得られる予測差分画像であり，最も情報量が少ない．P，Bピクチャは，差分信号のみからなり，これらのいずれかからそのフレームの全体画像を再現することはできない．

MPEG-2ではプロファイルとレベルが規定されている．MPEG-2プロファ

イルには，シンプル（Simple），メイン（Main），SNRスケーラブル（SNR Scalable），空間スケーラブル（Spatially Scalable），ハイ（High）の5種類があり，レベルにはロー（Low），メイン（Main），ハイ1440（High-1440），ハイ（High）の4種類がある．MPEG-2のプロファイルとレベルを**表**3.4に示す．

表3.4　MPEG-2のプロファイルとレベル

プロファイル レベル	Simple	Main	SNR Scalable	Spatially Scalable	High
High H：1920 V：1152 T：60	－	80 Mbps	－	－	100 Mbps 80 Mbps 25 Mbps
High-1440 H：1440 V：1152 T：60	－	60 Mbps	－	60 Mbps 40 Mbps 15 Mbps	80 Mbps 60 Mbps 20 Mbps
Main H：720 V：576 T：30	15 Mbps	15 Mbps	15 Mbps 10 Mbps	－	20 Mbps 15 Mbps 4 Mbps
Low H：352 V：288 T：30	－	4 Mbps	4 Mbps 3 Mbps	－	－

H：水平ピクセル数，V：垂直ピクセル数，T：フレーム数/s

　目的に応じて，これらの11種類プロファイルとレベル組合せの一つを使用する．例えば，MPEG-2のMainProfiles & MainLevel（MP@ML）は，ディジタルテレビ放送，ディジタルビデオ並みの画質である．

　MPEG-4は，携帯電話のような低ビットレートに適した画質からHDTV並みの画質まで，広範囲の応用を持つ規格である．MPEG-4は，オブジェクト指向であり3次元空間中の構成物をオブジェクトとして符号化する．MPEG-2に比べて，2倍以上の圧縮効率が特徴で，特に，低ビットレートでの活用が注目され，ディジタル録画やインターネットテレビなどで使用されている．

MPEG-4には複数の規格があり，規格間の互換性に問題がある。

H.264はITU-Tで研究が開始され，その後，ISO/IEC JTC1のMoving Picture Experts Group（MPEG）と合同で仕様化された。（2003年5月）。ISO/IEC JTC1ではMPEG-4 Part 10 Advanced Video Coding（AVC）として研究されていたため，H.264/MPEG-4 AVCあるいはH.264/AVCとも呼ばれる。

H.264はMPEG-4と同様に，MPEG-2の2倍以上の圧縮効率を実現する。携帯電話などの用途向けの低ビットレートから，HDTVクラスの高ビットレートに至るまでの幅広い利用が期待されている。地上ディジタル放送の携帯電話向け放送「ワンセグ」や，HD DVDやブルーレイディスクなどで標準動画形式として採用されている。

符号化の基本的な方式はH.263などの従来方式を踏襲しており，動き補償，フレーム間予測，離散コサイン変換（DCT），エントロピー符号化などを組み合わせたアルゴリズムを利用する。それぞれについて改良することにより，高圧縮率を実現している。

MPEG-2と同様にプロファイルとレベルが定義されている。フレーム予測技術や符号化に関する方式選択が可能である。それらの組み合わせがプロファイルとして定義されており，目的に応じて使い分けることで，要求される処理性能やビットレートの違いに柔軟に対応できる。ベースラインプロファイル，メインプロファイル，拡張プロファイルの3種類が規定されている。レベルは，レベル1からレベル5.1まで，16段階が定義されている。それぞれのレベルにおいて，処理の負荷や使用メモリ量などを表すパラメタの上限が定められ，画面解像度やフレームレートの上限を決定している。通常，プロファイルとレベルを合わせて，SP@L3（シンプルプロファイルレベル3）のように表記する。

原情報が失われる（lossy）符号化方式を非可逆符号化方式といい，原情報を保持する符号化方式を可逆符号化方式という。非可逆符号化方式による符号化信号を復号化して復元した情報は，元の情報とは異なっている。すなわち，品質劣化が伴う。MPEGによる画像符号化は高圧縮率であるが，原情報の一

部は失われる。

PCM，ADPCM，MPEG-1，MPEG-2，MPEG-4，H.264 の特徴を表3.5に示す。

表3.5 各種動画像符号化方式の特徴

方　式	PCM	ADPCM	MPEG-1	MPEG-2	MPEG-4	H.264
符号化方式	線形量子化PCM	適応差分符号化方式 フレーム内予測	離散コサイン変換（DCT） フレーム内予測 フレーム間予測	離散コサイン変換（DCT） フレーム内予測 フレーム間予測	離散コサイン変換（DCT） フレーム内予測 フレーム間予測	離散コサイン変換（DCT） フレーム内予測 フレーム間予測
動き保証	なし	なし	あり	あり	あり	あり
特徴	最も単純	最も単純な高能率符号化 圧縮率小	1.5Mbpsまでの動画を対象	従来テレビ並みからHDTVクラスの画像に対応	MPEG-2よりも高圧縮	MPEG-4の2倍以上の圧縮率
用途	放送 通信	通信	蓄積系（CDなど）	蓄積系（DVD） 放送 通信	蓄積系，放送，通信，インターネット	蓄積系，放送（テレビ，HDTV），通信，インターネット，移動体通信
参考 NTSCテレビ信号相当の画像符号化ビットレート	100 Mbps（複合信号）	30～50 Mbps	適用外	6～8 Mbps	適用外	～1 Mbps

MJPEG（MotionJPEG）は，原情報を保持しつつ高能率符号化を行う方式としてJPEG（次項参照）を用いる。MJPEGでは動画の各フレームに対してJPEGで符号化を行う。

MJPEG2000（Motion JPEG2000）は，MJPEGと基本的な仕組みは同じであるが，フレームごとの符号化をJPEG2000（次項参照）による符号化を行う。

フレームごとに独立に符号化しているため，フレームごとの編集が可能であり，可逆変換を採用すれば品質劣化のない動画像符号化が可能である。おもにDV（digital video）機器がこの方式を用いている。

〔2〕 静止画像符号化

静止画像符号化の代表的な技術に JPEG（Joint Photographic Experts Group）がある。JPEG は，この符号化方式を研究した ISO の専門家グループの名称であり，さらに，画像符号化方式も JPEG と呼ばれている[4]。

JPEG は，ディジタルカメラやコンピュータの静止画像フォーマットとして広く使用されている。圧縮率は 1/10～1/100 程度である。写真などの自然画の圧縮には効果的であるが，コンピュータグラフィックスには適当でない。

JPEG には，符号化する際に原情報の一部が失われる（lossy）基本方式（Baseline System）と拡張方式（Extended System）がある。また，原情報が失われない（lossless）ことが必要な用途のための DPCM 方式がある。

基本方式では，帯域圧縮のために 8 画素×8 画素のブロック情報に DCT を用いる。DPCM 方式では，2 画素×2 画素のブロック情報に DPCM による予測を行う。予測式は，あらかじめ定められているものから選択するので，予測式が既知であれば原画像情報が再現できる。当然，ロスレスの DPCM 方式に

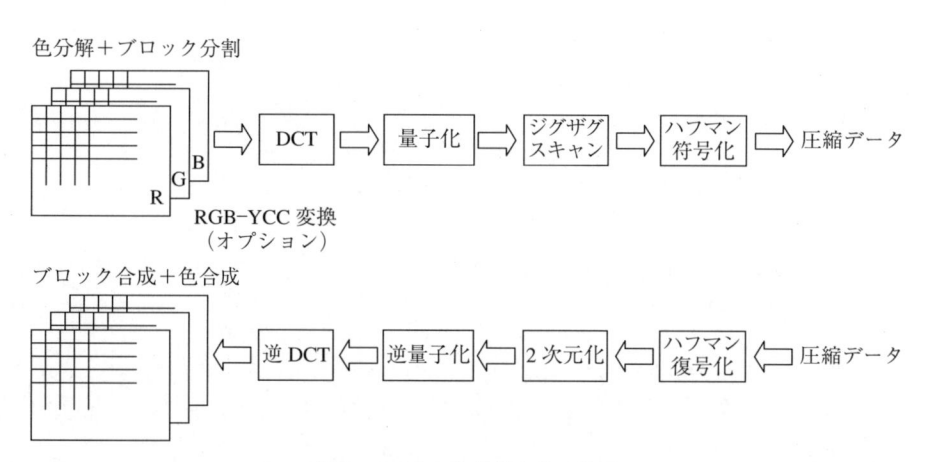

図 3.7 JPEG 符号化方式の概要

よる符号化は基本方式に比較して圧縮能率は低くなる。

　JPEG符号化方式の概要を図3.7に示す。

　JPEG2000は，JPEGの後継符号化方式である。DCTの代わりに離散ウェーブレット変換（DWT）を用いて圧縮性能を向上している。DWTには，原情報が一部失われる非可逆変換と，原画像情報が失われない可逆変換の双方が規定されている[5]。

　JPEG2000は，JPEGよりも高圧縮，高品質な画像圧縮が特徴である。同じ画質のJPEGの約半分のデータ量に圧縮する。高圧縮率（低画質）のJPEGで発生するブロックノイズ（圧縮ブロック単位で発生するノイズ）やモスキートノイズ（蚊の大群が画像のエッジ部分に密集しているように見えるノイズ）が発生しない。また，著作権保護のための「電子透かし」の挿入も可能である。

　JPEGは，多少のデータの損失を許容することで高い圧縮率を達成した。また，JPEG2000では，損失のない可逆圧縮の選択も可能になった。

4章 ディジタル伝送

4.1 アナログ伝送とディジタル伝送

電話音声信号はベースバンド帯域幅が 300 Hz～3.4 kHz である。アナログ電話の場合，加入者宅内から収容されている電話局までは，より対線ケーブル（twisted pair cable）によるベースバンド伝送（基底帯域伝送）が広く用いられている。アナログ音声ベースバンド伝送では，使用するケーブルの導体径にもよるが，最大 7 km 程度の伝送が可能である。

これを超える距離では，より対線ケーブルよりも低損失のケーブルを用いる。同軸ケーブル，光ファイバケーブルなどである。これらの伝送媒体の伝送損失が低い帯域はベースバンドよりも高周波側にある。各種伝送媒体の伝送損失を図 4.1 に示す。

ベースバンド信号を，これらの伝送媒体に適した帯域の周波数へ，変換する必要がある。この周波数変換を変調（modulation）という。

変調により，ベースバンド信号は伝送媒体に適した周波数帯を使用して伝送される。受信された信号は，元のベースバンド信号に再変換される。この周波数の再変換を復調（demodulation）という。

さらに，変調することにより高周波数領域で多重伝送が可能なことも変調の利点である。

変調・復調はディジタル信号をアナログネットワークで転送するための変調・復調と同じ用語である（3.1 節参照）。アナログ変調の場合には，ベース

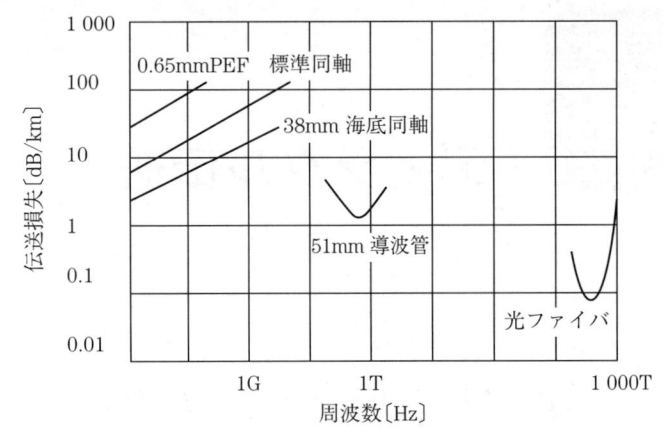

4. ディジタル伝送

```
          1 000
                 0.65mmPEF    標準同軸
            100
伝
送        
損    10        38mm 海底同軸
失              
[dB/km]    1
                        51mm 導波管
            0.1
                                     光ファイバ
           0.01
                  1G        1T          1 000T
                         周波数[Hz]
       PEF：発泡ポリエチレン絶縁ケーブル
```

図4.1　各種伝送媒体の伝送損失

バンドアナログ信号をより高い周波数のアナログ信号に変換するのに対して，ディジタル信号のモデム伝送の変調は，ディジタル信号をアナログネットワークで伝送可能な低周波域のベースバンド帯域信号に変換する操作である。周波数帯域の変換であることには変わりがない。

　伝送距離が大きくなるに従って，伝送媒体の損失が増大し，信号成分が小さくなる。微弱化した信号を中継増幅器で増幅することにより，長距離の伝送を可能とする。しかし，アナログ伝送においては，中継増幅ごとに雑音成分も増幅され，かつ，中継増幅器そのものも雑音を発生するため，中継ごとに信号対雑音比（signal to noise ratio，SNR，SN 比）が小さくなる。したがって，信号対雑音比が所要の値を満足しなくなるところで最大伝送距離は決まる。

　ディジタル伝送の特徴は，再生中継により原信号パルス列の再生が可能なことである。ディジタル伝送の品質に影響を与える要因としては，パルスの時間軸上の揺らぎ（ジッタ），熱雑音によるパルス判定誤りなどがある。これらの要因によって符号誤りが発生する。

　アナログ信号をディジタル信号に符号化してディジタル伝送する場合には，ディジタル信号に変換する際に量子化歪による雑音が付加される。

4.2 伝送媒体

〔1〕 より対線ケーブル

電話の加入者線に使用されているより対線ケーブルは,絶縁体で被覆された1mm程度の径の銅線を,2本より合わせた対線である。日本の加入者宅と電話局との距離は95%値で7km,平均距離は約2kmである。この程度の距離であれば,電話の無中継ベースバンド伝送が可能である。簡便なことから広く用いられている。

〔2〕 同軸ケーブル

より対線ケーブルは,7km程度の加入者線の電話音声ベースバンド伝送には適するが,広帯域信号の伝送には伝送損失が大きいため加入者線伝送としては伝送可能距離が小さくなり適さない。中継伝送では多重信号伝送が一般的である。多重化信号は当然ベースバンド信号より高い周波数成分をもつ。高周波域まで伝送損失の低い同軸ケーブルが適する。

同軸ケーブルは,中心導体とそれを円筒状に取り巻く外部導体から構成され,高い周波数では,より対線ケーブルよりも伝送損失は小さい。長距離中継伝送用として光ファイバケーブルが導入される以前は同軸ケーブルが使用された。現在は,中継伝送用としては,光ファイバケーブルが主力である。

ケーブルテレビでは,同軸ケーブルが一般的に使用されている。近年,幹線系には光ファイバケーブル,配線系には同軸ケーブルが用いられている複合型(FC型:fiber coaxial)も増加している。

光ファイバケーブルと対比させて,より対線ケーブルと同軸ケーブルをまとめて金属ケーブル(metalic cable)という。

同軸ケーブルの構造例を図4.2に示す。

〔3〕 光ファイバケーブル

光ファイバケーブルは,複数の光ファイバ心線を束ねて,添架やケーブル引込みのための引張強度補強のためのテンションメンバと,外部からの破損を

4. ディジタル伝送

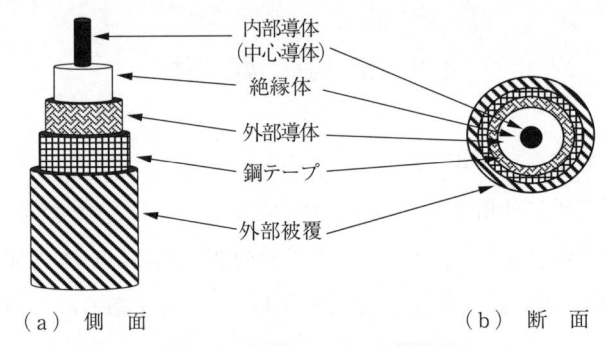

図 4.2 同軸ケーブルの構造例
(a) 側面　(b) 断面

内部導体（中心導体）／絶縁体／外部導体／銅テープ／外部被覆

保護するための外部被覆によってケーブル化したものである。光ファイバ心線は，光ファイバの保護のための1次被覆（通常は軟質プラスティック）と強度保持のための2次被覆（ポリアミドなど）からなる。光ファイバは，クラッドとコアから構成される。光ファイバ外径は125 μm であり，光信号はその中心の光屈折率が高いコア部分を伝播する。中継伝送用のシングルモードファイバではコア径は10 μm 程度である。光ファイバ心線の径は0.9 mm 程度であり，可撓性に優れる。伝送帯域も同軸ケーブルに比較しても広帯域である。

光ファイバケーブルと光ファイバ心線の構造例を図4.3に示す。

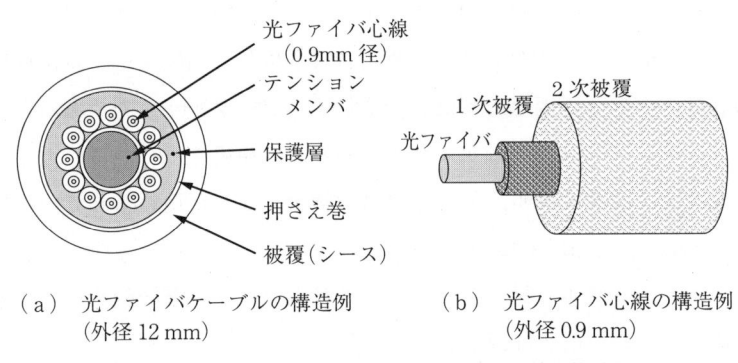

図 4.3 光ファイバケーブルと光ファイバ心線の構造例
(a) 光ファイバケーブルの構造例（外径 12 mm）
(b) 光ファイバ心線の構造例（外径 0.9 mm）

光ファイバ心線（0.9mm径）／テンションメンバ／保護層／押さえ巻／被覆（シース）／1次被覆／2次被覆／光ファイバ

光ファイバケーブルの材料はシリカガラスである。銅を材料とする金属ケーブルが電磁波や雷などの外来雑音の影響を受けやすいのに対して，光ファイバケーブルでは電磁誘導を受けないため，材料固有の伝送損失のみで伝送品質を

設計できるという利点がある。さらに，銅ケーブルに比較して伝送損失が2桁程度以上低い。最低伝送損失は 0.1 dB/km 程度である。そのため，無中継伝送距離が大きくとれ，中間中継器数を少なくすることができる。

光ファイバの伝送損失例を図 4.4 に示す。

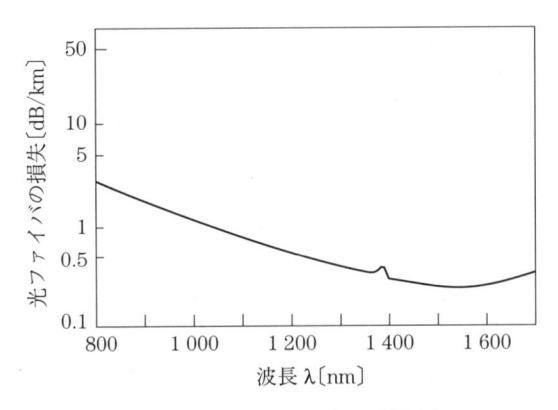

図 4.4 光ファイバの伝送損失例

2007 年現在で 160 Gbps 超高速伝送が実験レベルで達成され，実用的には 40 Gbps 伝送が可能である。さらに，波長多重により Tbps クラスの伝送も可能である。波長は，光ファイバが低損失である赤外線領域の 1.2〜1.7 μm 帯が使用されている。

光ファイバケーブルは，電磁誘導に耐性があるため，情報通信ネットワークの伝送媒体として以外にも，航空機や自動車内の制御信号伝送用としても広く用いられている。数十メートル以下の伝送距離が短い場合にはプラスチックファイバも使用される。

〔4〕 無　　　線

無線伝送は空間伝播が一般的である。導波管伝送は局内伝送やアンテナ周辺の接続には使用されるが，用途は限られている。無線伝送は，アンテナと送受信機が基本要素であり，途中の経路は無線であるため設置が容易である。マイクロウェーブによる固定無線通信としても，また，移動の容易性を活かした携帯電話のアクセス，無線 LAN アクセスなど用途が広い。

4. ディジタル伝送

無線による空間伝播の場合には，大気の減衰特性に適した周波数帯を用途に応じて使用する必要がある。使用可能な帯域は国ごとに規制されている。日本の周波数帯別電波利用状況を図 4.5 に示す[1]。

波長	周波数	名称	利用例
1 cm	300 GHz	サブミリ波	
		ミリ波 EHF	ミリ波：電波天文，無線 LAN，加入者無線アクセス，レーダ
10 cm	30 GHz		
		マイクロ波 SHF	マイクロ波：無線中継システム，放送番組中継，衛星通信，衛星放送，レーダ，電波天文，無線 LAN，加入者無線アクセス，ISM 機器
1 m	3 GHz		
		極超短波 UHF	UHF：携帯電話，PHS，タクシー無線，テレビ放送，防災行政無線，列車無線，警察無線，レーダ，アマチュア無線，ISM 機器，無線 LAN
10 m	300 MHz		
		超短波 VHF	VHF：FM 放送，テレビ放送，防災行政無線，列車無線，消防無線，警察無線，航空管制通信，アマチュア無線，コードレス電話
100 m	30 MHz		
		短波 HF	短波：船舶・航空機通信，国際短波放送，アマチュア無線
1 km	3 MHz		
		中波 MF	中波：中波ラジオ放送，船舶・航空機ビーコン，アマチュア無線
10 km	300 kHz		
		長波 LF	長波：船舶・航空機ビーコン，標準電波
100 km	30 kHz		
		超長波 VLF	

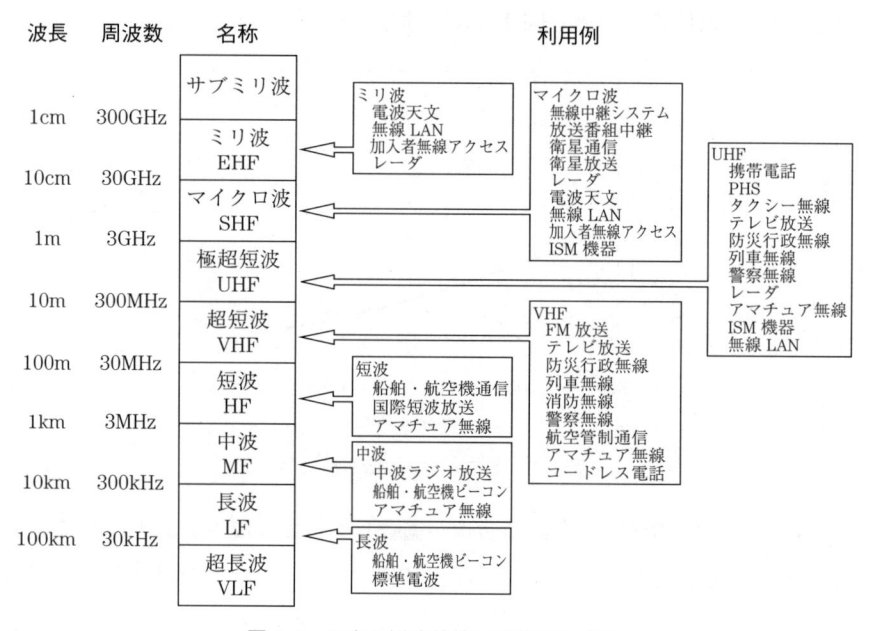

図 4.5　日本の周波数帯別電波利用状況

電波帯域の特徴と用途はつぎのとおりである。

① **中波（MF，300 kHz〜3 MHz）**　中波は電離層（E 層）に反射して遠方まで伝わる。中波放送（AM ラジオ放送），船舶通信などに使用されている。

② **短波（HF，3〜30 MHz）**　短波は電離層（F 層）と地表との反射を繰り返しながら地球の裏側まで伝わる。遠洋の船舶・航空機通信，国際短波放送，アマチュア無線，無線 LAN に使用されている。

③ **超短波（VHF，30〜300 MHz）**　超短波は山や建物の陰にもある程度回り込んで伝わる。VHF テレビ放送，FM ラジオ放送，船舶・航空機通信，防災行政無線，無線 LAN などに使用されている。

④ **極超短波（UHF，300 MHz〜3 GHz）**　極超短波は直進性があり，伝

送情報量が大きく，小型のアンテナと送受信設備で通信できる。移動通信，UHF テレビ放送などに使用されている。

⑤　マイクロ波（SHF，3～30 GHz）　マイクロ波は極超短波よりもさらに直進性が強いため，特定方向に向けての用途に適している。伝送情報量は極超短波よりさらに大きい。電話局間中継回線，テレビ放送番組中継，衛星通信，衛星放送，レーダなどに使用されている。

⑥　ミリ波（EHF，30～300 GHz）　ミリ波は光と同様に強い直進性があり，雨や霧による減衰が大きい。比較的短距離の，映像伝送用の簡易無線，加入者系無線アクセス，各種レーダ，衛星通信などに用いられる。

中波よりも波長が長い電波（長波）は，情報伝送可能な容量が小さいため通信に利用されていない。ミリ波より波長が短いサブミリ波（300 GHz 以上）も，水蒸気による減衰が大きいため，通信に利用されていない。長波の使用例

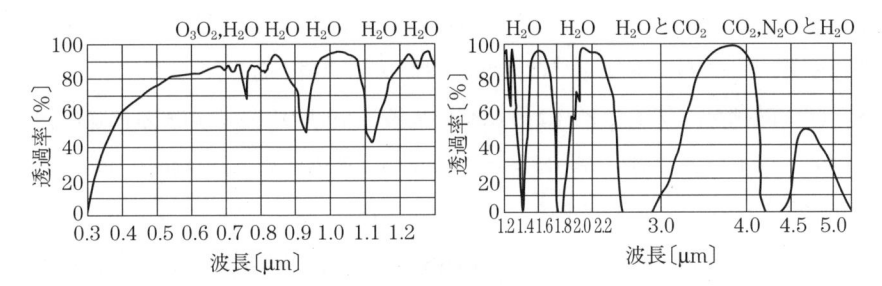

図 4.6　大気の透過率（晴天時）[2]

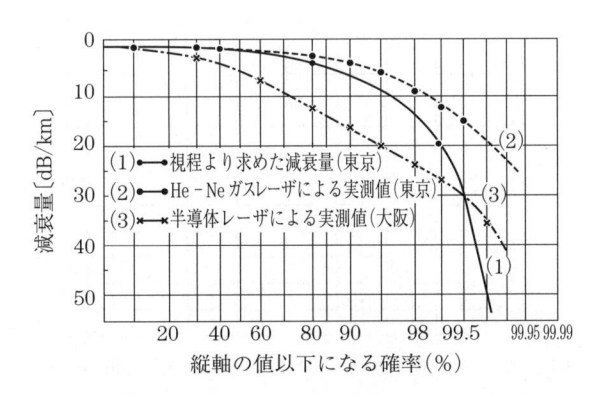

図 4.7　大気の光波減衰量累積分布[2]

68 4. ディジタル伝送

としては電波時計の時刻校正用の時刻標準信号がある。

〔5〕 光 空 間 伝 送

光は電磁波であるから，光空間伝送は無線伝送と同義である。光空間伝送では，情報を光強度情報に変換する光強度変調を採用している。光空間伝播では，水蒸気などによる吸収があり，大気の減衰が少ない波長を用いる。光空間伝播は大気の状態に依存するため，ビル間通信などの短距離の用途に使用される。

大気の透過率（晴天時）と大気の光波減衰量累積分布を図4.6と図4.7に示す[2]。

4.3 ディジタル変調

ディジタル信号伝送においても，使用する伝送媒体の伝送損失が低い周波数帯域を用いて，伝送するのが伝送距離の点で有利である。電気パルス列を直接伝送するベースバンド伝送では，低周波側まで帯域が延びている。そのため，例えば，同軸ケーブルなどのように高い周波数信号の伝送に適する伝送媒体をベースバンド伝送に用いるのは得策ではない。そのため，伝送媒体の特性に適した信号に変換する必要がある。この変換操作をディジタル変調という。

ディジタル変調の目的としては，伝送媒体の低損失帯域に適合した信号への変換，クロック情報が失われない符号変換，直流成分を抑圧する符号変換など

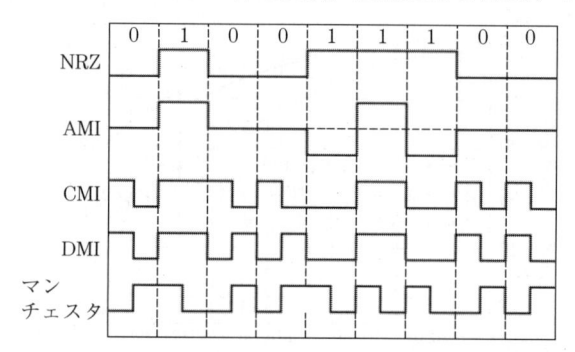

NRZ：non-return to zero，AMI：alternate mark inversion

図4.8　伝送符号の波形例

表 4.1　各種のディジタル伝送符号変換

名　称		符号変換則	クロック周波数*	マーク率	ゼロ連続	BSI
スクランブル2値符号		入力2値系列をM系列符号でスクランブル化	f	1/2	長大な0連続を確率的に防止	統計的に確保
バイフェーズ符号	マンチェスター符号	1:「10」 0:「01」	$2f$	1/2	≦3	あり
	CMI	1:「00」と「11」を交互に送出 0:「10」		1/2	≦2	あり
	DMI	1:「00」,「11」, 0:「10」,「01」 スロット開始時点でマークとスペースを反転		1/2	≦2	あり
ブロック符号	mBnB	mビットの入力系列をnビット符号に変換（$m<n$）	nf/m	～1/2	≦2m	あり
パルス挿入符号	PMSI	mビットの入力系列ごとにマークまたはスペース，あるいはマークとスペースを交互に挿入	$(m+1)f/m$	≧$(m+1)/m$	≦2m+1	あり
	mB1P	mビットの入力系列ごとに1ビットパリティを挿入		≧$(m+1)/m$	≦2m+1	あり

＊　fは入力符号系列のクロック周波数　　CMI：coded mark inversion
　　M系列：最長系列　　　　　　　　　　　DMI：differential mark inversion
　　BSI：bit sequence independency　　　PMSI：periodic mark and space inversion

がある．伝送符号の波形例を**図**4.8 に示す．また，各種のディジタル伝送符号変換を**表**4.1 に示す．

4.4　ディジタル中継伝送

伝送媒体に送出されたパルスは伝送媒体の伝送損失により信号レベルが低下

し，波形もひずむ，さらに妨害雑音が加わる。受信側では，受信パルス波形を正確に識別可能なように，適当な中継間隔ごとに再生中継器を設置する。パルス波形が雑音に埋もれてしまうと，波形を識別できないため，再生中継は，パルスの識別が可能な条件を満足する中継距離ごとにパルスを再生し，再び，伝送媒体へ送出する。多中継伝送では，この中継伝送を繰り返し，パルスを目的地まで伝送する。

再生中継器は，つぎの三つの基本機能を備える。

① **等化増幅**（reshaping）　損失を受け減衰してひずんだ受信パルス波形を，パルスの有無が識別できる程度まで整形増幅する機能。

② **識別再生**（regenerating）　等化増幅後の波形振幅と識別レベル（スレショルドレベル）を比較し，波形振幅が識別レベル以上の場合，パルスを発生させ送出する機能。

③ **タイミング再生**（retiming）　受信パルス符号列からクロック情報（パルス列の伝送速度）を抽出して，パルスのタイミングを補正再生する機能。

これらの基本機能の頭文字をとって3R機能と呼ぶ。再生中継器の基本構成を図4.9に示す。

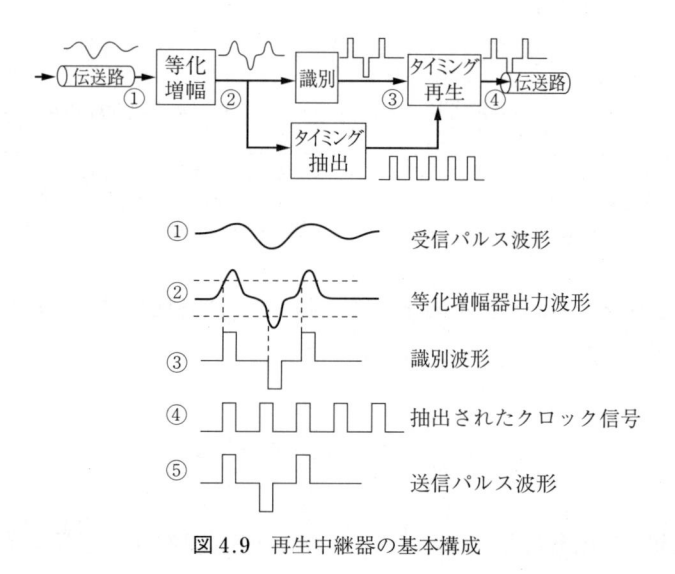

図4.9　再生中継器の基本構成

4.4 ディジタル中継伝送

伝送距離が短い場合など，これらの機能のすべてが必要でない場合には2R中継（等化増幅および識別再生のみ）が用いられる．

2R中継は，信号対雑音比が一定以上確保されていれば，パルス列の再生が可能であるが，パルスのジッタ（時間軸上の雑音）は累積するため，原信号の時間情報誤差は中継ごと累積増大する．

3R中継はタイミング再生によってタイミングジッタも抑圧でき，原パルス列が再生できるため，エラーフリーの条件で長距離多中継伝送が原理的には可能である．再生パルス列の時間情報を原信号のそれに合わせるためには，原信号の正確な周波数が必要である．タイミング再生には，受信パルス列からタイミング情報を抽出して，パルスタイミングを再生するセルフリタイミングと，クロック情報を別の手段により配信し，そのクロック情報とパルス列の時間情

表4.2 各種アプリケーションの特徴

アプリケーション例	通信形態	転送情報量	保留時間	許容遅延時間	許容誤り率	情報メディア
電話	双方向対話型 1対1	中～大	数分～	150～400 ms 遅延変動に厳しい	緩い	音声
インターネットラジオ	片方向 1対N	中～大	数分～数時間	緩い 遅延変動に厳しい	緩い	音声・サウンド
ファクシミリ	片方向 1対1	中	数分	端末性能による	厳しい	静止画
動画像配信インターネットテレビ	片方向 1対N	中～大	数分～数時間	緩い 遅延変動に厳しい	厳しい	動画
テレビ会議	双方向対話型 N対N	中～大	数分～数時間	150～400 ms 遅延変動に厳しい	厳しい	音声・動画
電子メール	片方向 1対1, 1対N	小	＜秒	緩い	厳しい	テキスト（文字）
トランザクション処理	双方向 1対1	小	～秒	緩い	最も厳しい	テキスト（文字）
ファイル転送	片方向 1対1	中～大	秒～時間	緩い	厳しい	ディジタルデータ

報を同期化する同期伝送とがある。同期品質（ジッタ）は後者が優れる。

情報メディアによって許容される符号誤り率やジッタ量は異なる。音声信号，音楽などのオーディオ信号，動画信号などは，ストリーミング型情報と呼ばれる。これらの信号に対するジッタ要求条件はWeb検索や数値データ伝送に比べて厳しい。数値データ伝送においては，ジッタについては厳しい条件は課せられないが，データの正確度に対する要求条件は格段に厳しい。

各種アプリケーションの特徴を表4.2に示す。情報の正確性が最重要なアプリケーションにおいては，アプリケーション層で情報の正確さを確保することが必要である。

4.5　多重化方式

信号1チャネルごとに，より対線などの狭帯域伝送媒体を個別に使用すると，多数のユーザが利用するネットワークに必要なスペースも伝送コストも膨大になる。

個別の電話線によって配線していた1900年当時の架空電話線の様子を図4.10に示す（1900年の米国カンサス州Pratt市）[3]。

図4.10　1900年当時の架空電話線の様子[3]

高速で通信可能な広帯域伝送媒体を用いて，多重化された信号を伝送する多重伝送がスペースとコストの低減に有効である。

多重化方式には以下の方式がある。

- 時間領域で多重化する時分割多重 TDM（time division multiplex）
- 周波数領域で多重化する周波数分割多重 FDM（frequency division multiplex）
- 空間領域で多重化する空間分割多重 SDM（space division multiplex）
- 信号の時間軸を圧縮して時間領域で多重化する時間圧縮多重 TCM（time compression multiplex）
- 符号領域で多重化する符号分割多重 CDM（code division multiplex）

さらに，周波数領域を高周波帯域と低周波数帯域に分け，それぞれの帯域を方向別に使用する周波数分割多重を特に双方向群別多重と呼ぶこともある。ADSL は，この言い方にならえば，双方向群別多重伝送でもある。

各種多重化方式を図 4.11 に示す。

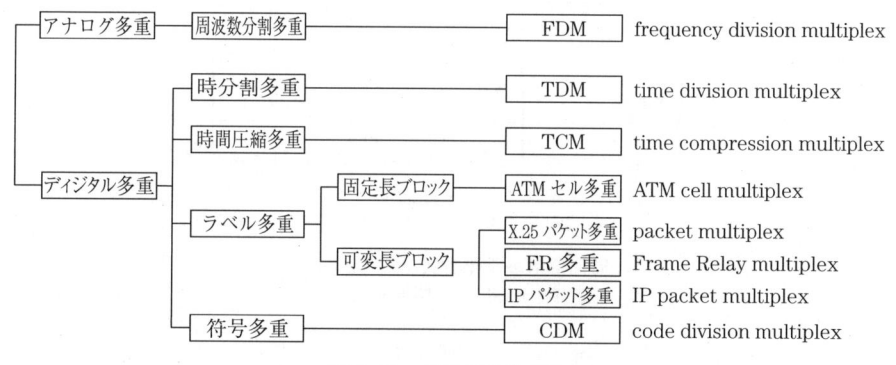

図 4.11　各種多重化方式

4.6　ラベル多重方式と時間位置多重方式

ディジタル信号の多重化方式をラベル多重方式と時間位置多重方式とに分類することもある。ラベル多重方式では，ヘッダとペイロードから構成される情

4. ディジタル伝送

報転送単位を転送する。この情報転送単位はインターネットでは IP パケットあるいは IP データグラムと呼ばれ，ATM では ATM セルと呼ばれる。情報の発信元と宛先をヘッダ内に収容し，ペイロードにユーザデータを収容する。ヘッダは，オーバヘッドになる。ラベル多重方式は，時間位置多重方式に比較して，伝送効率では劣る。しかし，ペイロードサイズは必ずしも固定長でなくてもよいため，さまざまな速度の情報を多重化することが容易である。このため柔軟性の点で優れる。ただし，ペイロード長が可変であるため，一定間隔ごとにヘッダが出現することはない。

ATM のヘッダサイズは 5 オクテット（40 ビット），ペイロードサイズは 48 オクテットである。ATM セルサイズは固定であり，さまざまな帯域の信号転送は，ATM セルの送信密度を制御することにより実現する。多重化の観点からは，ATM セルは 53 オクテットごとにセルの境界が出現するため，ヘッダを識別するのは容易である。

これに比して，時間位置多重方式では，固定長タイムスロット位置をチャネ

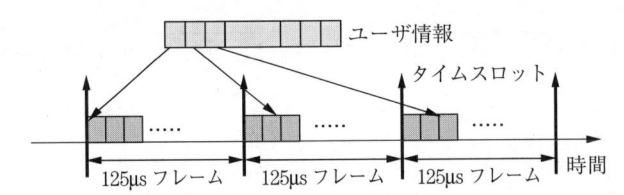

・周期的にタイムスロット配置
・フレーム内のタイムスロット位置でチャネル識別

（a）時間位置多重化方式（STM, synchronous transfer mode：同期転送モード）

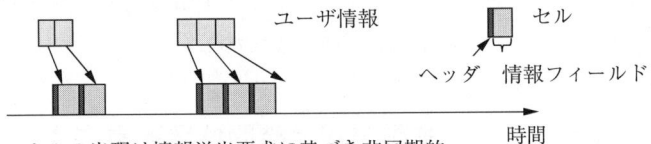

・セルの出現は情報送出要求に基づき非同期的
・ヘッダ内のラベルでチャネルを識別

（b）ラベル多重方式（ATM, asynchronous transfer mode：非同期転送モード）

図 4.12 ラベル多重方式と時間位置多重方式の原理

ル識別に使用するため，同一速度情報の多重化に適している．時間位置多重方式では，タイムスロット位置を識別するために，フレームを組み，そのフレームの先頭からの位置（スロット番号）によってチャネル識別を行う．

ラベル多重方式と時間位置多重方式の原理を図 4.12 に示す．

4.7　非同期多重方式と同期多重方式

多重化される複数の低次群信号（tributary）が非同期信号か同期信号かで，時分割多重化方式は，非同期多重方式と同期多重方式に分類される．

非同期多重方式は別名スタッフ多重方式（stuff multiplexing, justification multiplexing）とも呼ばれる．

たがいに非同期の低次群信号を N 本多重化する場合に，高次群側は低次群速度の N 倍よりも高速で出力する．高次群側では，低次群信号を多重してなお余裕があるため，その余裕の速度分のビットを挿入する．複数の低次群信号は同期していないため，高速側に読み出される速度の $1/N$ との差が低次群信号ごとに異なる．異なる速度のつじつまを合わせるために挿入するビットをスタッフビット（stuff bit, つめものビット）と呼ぶ．低次群信号に分離するときには，スタッフビットを取り除いて N 本の低次群信号を取り出す．このスタッフビットの挿入と除去のための制御信号を，伝送フレームのヘッダに収容

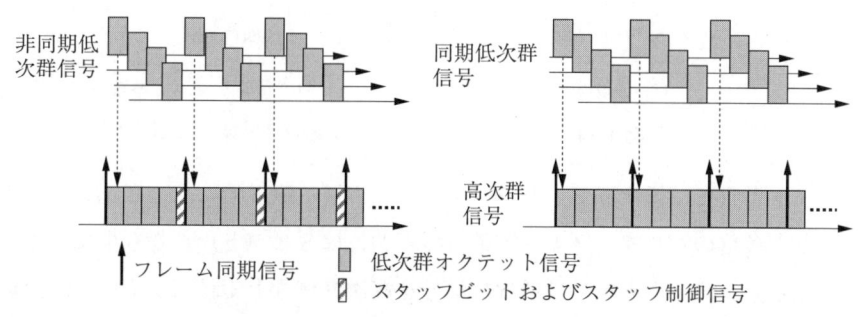

図 4.13　非同期多重方式と同期多重方式の原理

して伝送する。

　同期多重方式では，低次群速度は完全に同期しているため，N本の低次群信号を多重化する場合には速度のつじつま合わせは必要なく，スタッフビットは必要でない。

　非同期多重方式と同期多重方式の原理を図4.13に示す。

4.8　ビット同期とオクテット同期

　複数の低次群信号を多重化する場合の多重化の単位としては，1ビット単位で多重化するビット多重と8ビット（1オクテット）単位で多重化するオクテット多重がある。

　ビット多重とオクテット多重の原理を図4.14に示す。

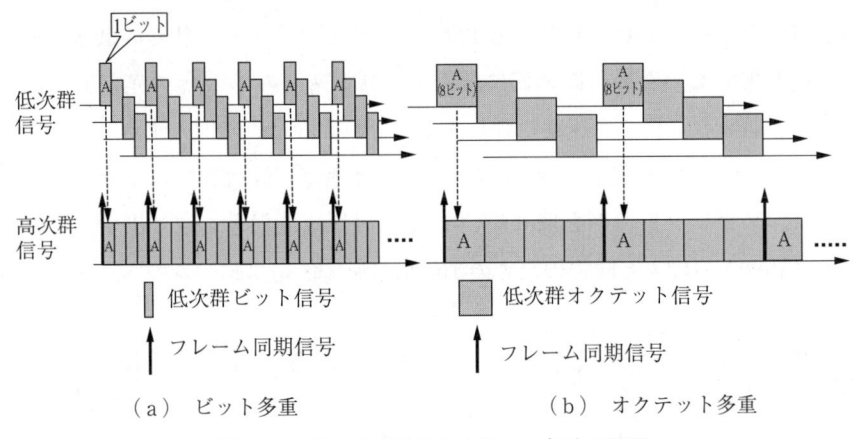

図4.14　ビット多重とオクテット多重の原理

　ビット多重では低次群側のバッファメモリ容量（原理的には1ビット）がオクテット多重のバッファメモリ容量（原理的には8ビット）よりも少なくてすむ。しかし，ビット多重では低次群信号を高次群信号上で識別することが困難であり，オクテット多重では識別は容易である。

オクテットとバイト

最も基本的な用語の一つである8ビットを意味する「オクテット」は，おもに，通信技術分野で使用され，「バイト」はコンピュータ技術分野で使用される。

「オクテット」は，ラテン語の8を意味するoctoからの派生語である。1オクテットは8ビットである。これに対して，「バイト」は，コンピュータの処理単位（ワード）が本来の意味であり，必ずしも8ビットを意味しない。

初期のコンピュータでは，メモリが高価であり，現在のように32ビット単位/64ビット単位の処理は現実的でなかった。当初は，アルファベット，数字，演算記号を対象に8ビット（コード数256）単位で処理を行ったことがきっかけで1バイト＝8ビットとなった。8ビット表現では$2^8=256$，0～255を表現できる。

2000年問題は，8ビット表現では4桁の年号表現ができなかったため，下2桁，すなわちコード数100，で便宜的に表記したことがそもそもの発端である。しかし，9ビット以上を1バイトと定義するコンピュータも存在するため，通信分野ではオクテットが一般的に使用される。32ビットマシンは，本来のバイトの定義によれば，32ビット＝1バイトで処理を行っていることになる。

用語には，さらに，「OSI階層モデル」のように，コンピュータネットワークにおいて開発された概念が，テレコムネットワークやインターネットのレファレンスモデルとして使用されるなど，共通に使用されているものもある。

「ネットワーク」という用語自体も，使用されるコンテキストに従ってさまざまな意味をもつ。例えば，ネットワークカード，あるいはネットワークインタフェースカードはネットワーク全般ではなくEthernetに特定して使用されることが多い。この場合の「ネットワーク」は，第2層（データリンク層）以下の機能をさし，ネットワーク層における「ネットワーク」は第3層を意味している。また別の例として，ATMネットワークカードがある。ATMネイティブサービスが普及しなかったため，あまり知られていないが，Windows2000のOSにはネットワークプロトコルの標準オプションとして準備されている。ちなみにATMネットワークカードがサポートするATMは第1層（物理層）に位置付けられている。

さらに，日常では単に「ネット」は，「インターネット」をさすが，ネットワーキング分野ではそのような意味で使用することはまれである。

時分割交換においては，タイムスロットを1オクテットとしているため，オクテット単位の識別と交換が高速ハイウェイ上で実現できる。フレーム同期信号の繰り返し周波数が8 kHz（フレーム間隔125 μs）で1オクテットであれば，すなわち，64 kbps単位の交換が高速ハイウェイ上で実現されることになる。

スタッフ同期ではビット多重が，同期多重ではオクテット多重が一般的である。当然のことながら，オクテット多重においてはオクテット単位の同期が必要とされる。

4.9 伝送ハイアラーキ

ユーザ宅内から加入者交換機までは，メタリック対より線ケーブルで接続されており，電話音声信号はベースバンド電気信号として伝送される。中継ネットワーク（コアネットワーク，トランクネットワーク，基幹ネットワークなどともいう）では，ベースバンド信号のままでチャネル単位で伝送するのは経済的でないため，複数のディジタル音声チャネルを時分割多重して伝送する。任意のチャネル数を多重化することは，経済的にも運用性の点でも得策ではないため，系列化して一定のルールで多重化する。この系列化し階層化した多重化階梯を伝送ハイアラーキと呼ぶ。

ディジタル伝送ハイアラーキには，独立同期ディジタルハイアラーキ（PDH：plesiochronous digital hierarchy）と同期ディジタルハイアラーキ（SDH：synchronous digital hierarchy）がある。

独立同期ディジタルハイアラーキでは，1次群あるいは2次群レベルのみが同期次群であり，それ以上の次群ではスタッフ同期によって多重する。

同期次群では，多重インタフェース上でタイムスロットの識別が可能であるため，多重化したまま，64 kbps信号の挿抜が可能である。すなわち，独立同期ディジタルハイアラーキでは，1.5 Mbpsあるいは6.3 Mbpsのハイウェイ上で，64 kbps信号の識別と挿抜が可能である。

4.9 伝送ハイアラーキ

　同期ディジタルハイアラーキでは，すべての次群の多重化インタフェース上でタイムスロットの識別が可能である．すなわち，すべての次群の多重化インタフェース上で，64 kbps 信号1チャネルごとの多重分離が可能であるため，独立同期伝送ハイアラーキよりも伝送効率は高い．

　同期ディジタルハイアラーキにおいては，高品質のクロックをネットワーク全体へ配送する必要がある．日本の同期ディジタルネットワークは東京にクロック主局を，大阪にクロック副局を配備し，信頼性を高めている．

　独立同期ディジタルハイアラーキと同期ディジタルハイアラーキを図4.15に示す．

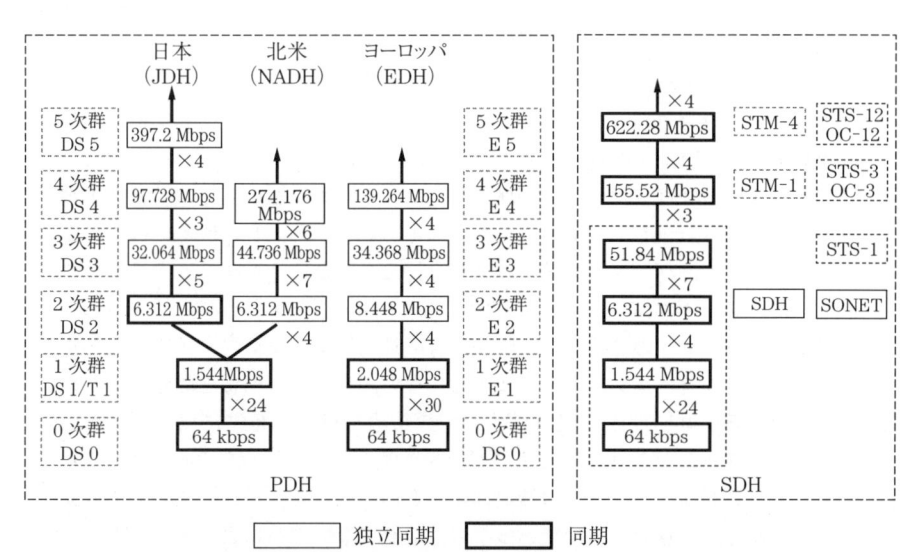

SONET：synchronous optical network，STM-n：synchonous transport module-n，
STS-n：synchronous transport signal level n，OC-n：optical carrier-n

図4.15　独立同期ディジタルハイアラーキと同期ディジタルハイアラーキ

ネットワーク透過性（その2）

　ネットワークの透過性とは，ネットワークに送出された信号が加工されずにネットワーク内を転送され宛先まで受信されることである。その前提として，（1）物理層の透過性（ビット列の透過性），（2）データリンク層の透過性（フレームの透過性），（3）ネットワーク層の透過性（パケットの透過性），（4）アプリケーション層の透過性が確保されていなければならない。

　物理層の透過性を BSI（bit sequence independency，ビット透過性）と呼ぶ。BSI とは，いかなるビット列でもネットワークは転送を保証することである。ディジタル中継器では BSI 確保のための機能が備えられている。

　データリンク層の透過性は，通常そのデータリンクに接続されているノードには，必ずデータフレームは到達することであるとすると，MAC アドレスを使用してレイヤ2スイッチングを行う場合には，同報型のデータリンク層とならないためデータリンク層の透過性は失なわれている。

　パケットの透過性はネットワーク層の透過性である。IP ネットワークの最大転送単位 MTU が考慮されなければならない。IP パケットの最大長は 65 535 オクテットである。これを超えるパケットは転送できない（表7.1参照）。また，Ethernet では全パケット長は 1 514 オクテットを超えてはならない。したがって，パケットサイズに制限を持たないという意味の透過性を持つネットワークは，パケットネットワークではなく，回線データネットワークである。

　アプリケーションの透過性は，情報内容の透過性である。ファイアウォールやスパムメールフィルタなどは，望ましくない内容を持つ情報を駆除するためのものである。ユーザから見ればすべての情報を忠実に宛先に届けてほしいが，ネットワークから見れば攻撃パケットやウィルスなどの悪意ある情報は遮断したい。アプリケーションの透過性は善意のユーザを前提にしてしか成り立たない。一方，善意のユーザであっても，故意でない過誤によりネットワークや他のユーザに迷惑をかけないとも限らないため，透過性の何らかの制約は必要である。

　ちなみに，BSI に似た用語に TSSI（time slot sequence integrity，タイムスロット順序完全性）がある。これは，例えば，64 kbps 回線を2回線使用して 128 kbps として使用する場合には，2タイムスロットを占有する。このタイムスロットに順序付けをして，ネットワーク内で順序が保存される転送を TSSI が保証された転送という。例えば，128 kbps 中の 32 kbps を ADPCM 音声に使用し，96 kbps を画像伝送に使用する場合には，どちらのタイムスロットに音声が含まれているかを識別する必要がある。

5章 ネットワークアクセス

5.1 アクセスネットワークとコアネットワーク

ネットワークは，ユーザ端末をサービスノードに接続するアクセスネットワークと，サービスノード間を接続するコアネットワークから構成される。サービスノードは，電話サービスの場合には加入者交換機，インターネット接続サービスの場合にはISPサーバに相当する。アクセスネットワークとコアネットワークからなるネットワークの基本接続構成を図5.1に示す。

従来の電話ネットワークでは，アクセスネットワークに相当するものは，加入者交換機の加入者回路と電話機を1対1で接続するより対線ケーブルの加入

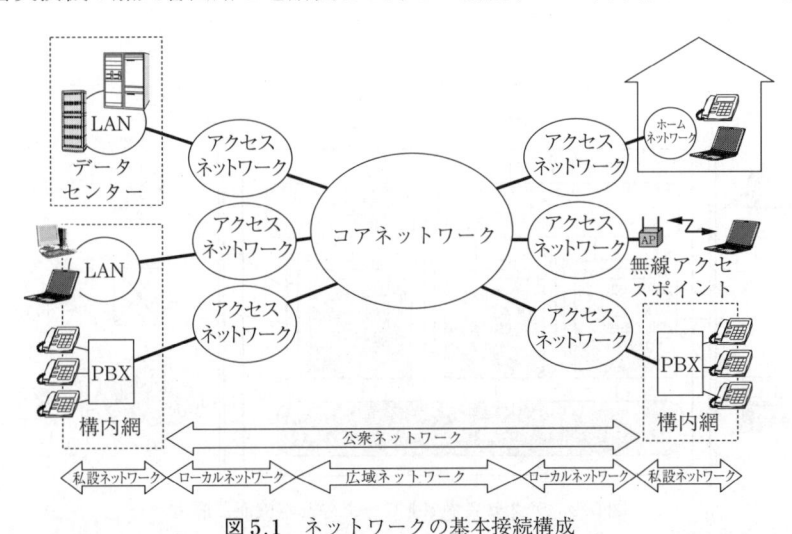

図5.1 ネットワークの基本接続構成

者線である。

これに対して，ISDN，インターネットブロードバンドアクセスなどのアクセスでは，ユーザ宅内側には加入者線終端装置が，局側には回線終端装置が設置される。加入者線終端装置と局側回線終端装置を単純に1対1接続する形態もある一方，複数の加入者に対して一つの局側回線終端装置で終端接続する形態（PON : passive optical network，PDS : passive double star ともいう）や，ケーブルテレビのようなツリー型の接続形態，さらに，広域 LAN などのようにリング配線などのさまざまな形態のアクセスネットワークがある。

アクセスネットワークは，ユーザ端末の要求するサービスを，ネットワークの適切な機能に整合させることである。具体的には，ユーザ-ネットワークインタフェース（UNI : user-network interface）終端，A/D 変換，D/A 変換，試験などのユーザポート機能，サービスノードインタフェース（SNI : service node interface）終端，試験などのサービスポート機能，集線，回線エミュレーション，シグナリング多重化などのコア機能，多重伝送，クロスコネクトなどの転送機能，運用保守などの管理機能などが基本機能のおもなものである[1]。

アクセスネットワークの基本機能と構造を図5.2にまとめる。

電話加入者線のような単純なベースバンド伝送によるアクセス方式と，ブロ

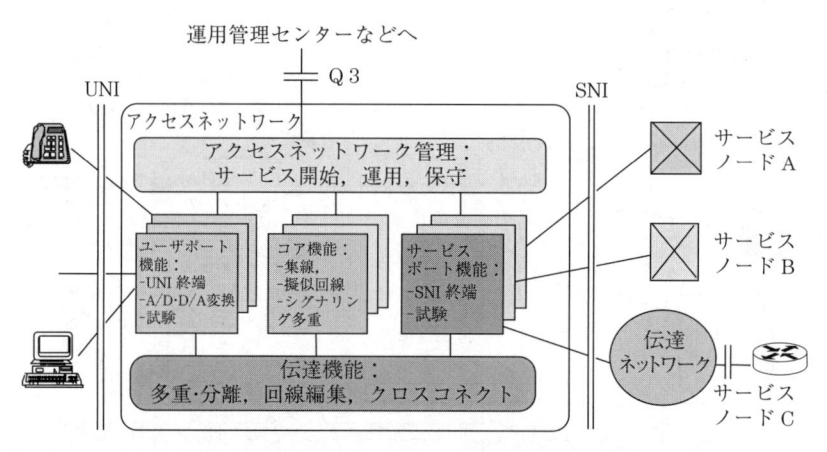

図5.2　アクセスネットワークの基本機能と構造

ードバンドインターネットアクセスに用いられている，ADSL，光アクセス（FTTH），ケーブルアクセス方式がある。これらの各種アクセス方式の接続形態を図5.3に示す。

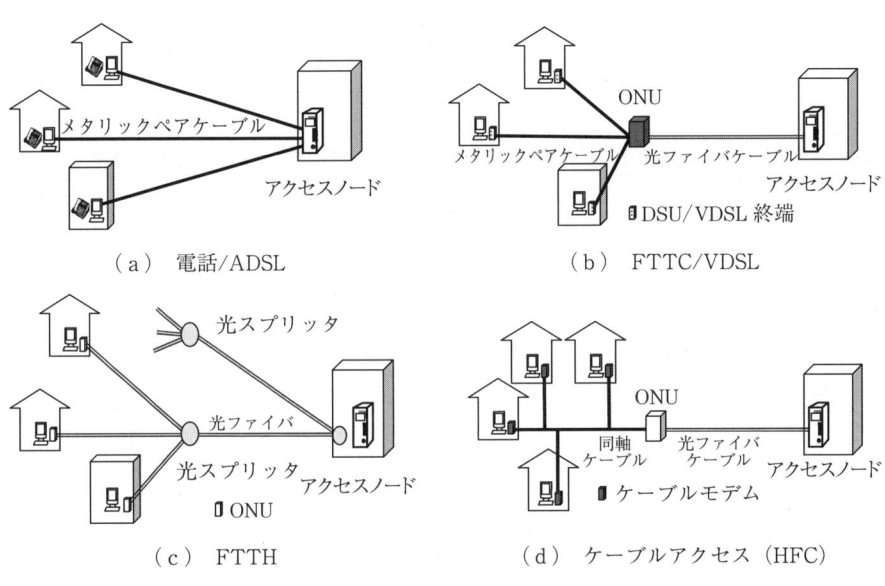

（a） 電話/ADSL

（b） FTTC/VDSL

（c） FTTH

（d） ケーブルアクセス（HFC）

図5.3　各種アクセス方式の接続形態

5.2　xDSL

xDSL（x digital subscriber line）とは，既設のメタリックペアケーブル加入者線を利用して，ネットワークアクセスするディジタル伝送技術の総称である。xは伝送方式の異なるADSL, VDSL, HDSL, SHDSLなどの頭文字のA, V, H, SHを変数と同様に扱って読み替えたものである。数学的な表現をすれば，xDSL, x = A, V, H, SHである。

〔1〕　ADSL

インターネットではアプリケーションサーバからユーザ端末方向へのダウンロード情報容量が，ユーザからネットワーク方向へのアップロード情報容量と

比較して大きい。このような条件に適合させるため，ネットワークからユーザ端末への下り方向の伝送速度が，上り方向の伝送速度より大きく設定したものが ADSL である。

加入者線は，加入者電話局とユーザ宅内を 1 対 1 で直接接続する。加入者線は，ユーザ端末ごとに占有使用される。

ADSL は，既設の電話加入者線（より対線ケーブル）を利用する。ADSL は，ディジタルデータ信号を変調して電話ベースバンド信号伝送帯域より高い周波数帯域で伝送するモデム伝送である。すなわち，一対の加入者線上で電話音声信号とディジタルデータ信号を周波数分割多重伝送し，加入者線を共用する。

ADSL アクセスの基本構成を図 5.4 に示す。加入者線の両端に，電話音声信号とディジタルデータ信号を多重・分離するためのスプリッタ（フィルタ）が設置される。

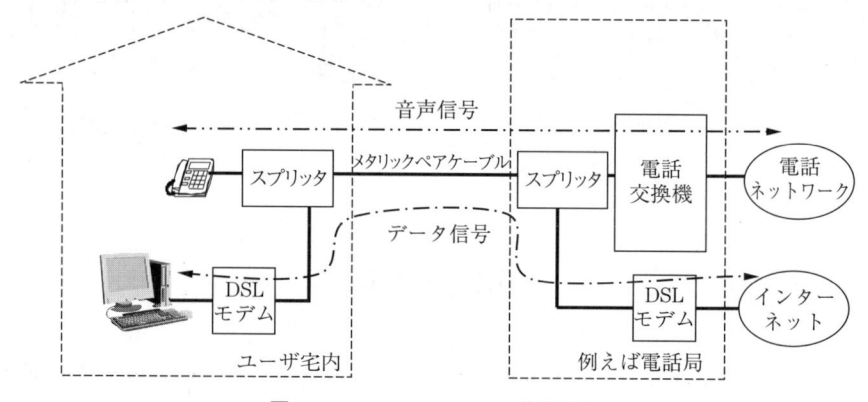

図 5.4　ADSL アクセスの基本構成

ADSL では，上下方向の双方向データ伝送のために，音声ベースバンド帯域外の帯域を二つに分割し，周波数分割による双方向多重伝送を行う。ADSL の信号帯域配置例を図 5.5 に示す。

ADSL は数 km 程度の伝送に使用される。初期の規格では，25～138 kHz を上り方向，138～1 104 kHz を下り方向の伝送に用いる。下り伝送速度を高速化するために帯域を 2 倍にしたものは，ADSL＋と呼ばれる。

図中ラベル：

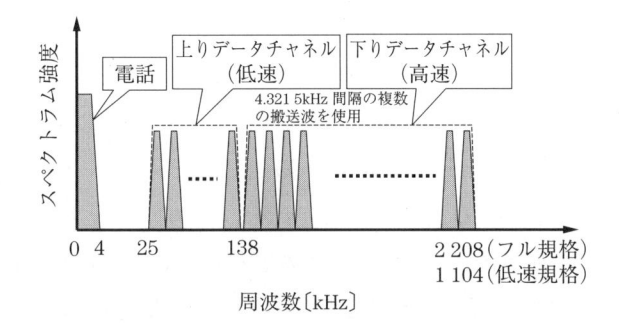

(a) マルチキャリア変調方式（DMT）
- スペクトラム強度
- 電話
- 上りデータチャネル（低速）
- 下りデータチャネル（高速）
- 4.321 5 kHz 間隔の複数の搬送波を使用
- 0 4 25 138 2 208（フル規格） 1 104（低速規格）
- 周波数〔kHz〕

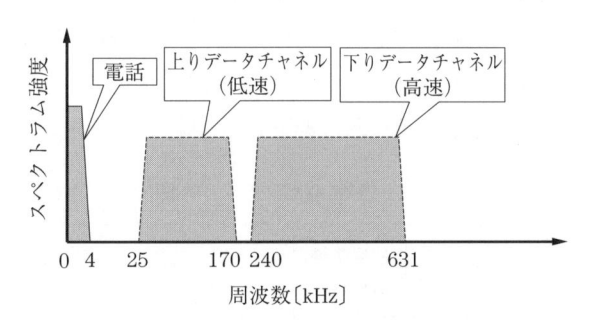

(b) キャリアレス振幅変調方式（CAP）
- スペクトラム強度
- 電話
- 上りデータチャネル（低速）
- 下りデータチャネル（高速）
- 0 4 25 170 240 631
- 周波数〔kHz〕

図 5.5　ADSL の信号帯域配置例

ADSL の基本的な規格には

① ADSL フル規格（ITU-T G.992.1）

② ADSL 低速規格（ITU-T G.992.2，通称 ADSL Lite）

の二つがある[2), 3)]。

ADSL フル規格の場合は，上り方向伝送速度は最大 640 kbps，下り方向伝送速度は最大 8 Mbps である。一方，ADSL Lite の場合は，上りが最大 512 kbps，下りが最大 1.5 Mbps である。ADSL Lite は，ハーフレート ADSL またはユニバーサル ADSL とも呼ばれる。

ディジタル信号の変調方式としては，マルチキャリア変調方式（DMT：discrete multi-tone）が一般的である。DMT は上り・下り伝送に割り当てられた帯域内を 4 kHz ごとに搬送波を立て，設定する帯域に従って複数の搬送波と

変調方式を組み合わせてデータを伝送する（図5.5(a)参照）。

DMTのほかに，キャリアレス振幅位相変調方式（CAP：carrierless amplitude and phase modulation）も用いられている。CAPでは，上り伝送と下り伝送に割り当てられた帯域に対して，搬送波をそれぞれ1個ずつ使用し，QAM変調により伝送する（図5.5(b)参照）。各方向で複数の搬送波を使用しないので制御が簡単であるが，DMTのように柔軟な帯域制御はできない。CAPでは，キャリアレス（字義どおりだと「搬送波を使用しない」）という名称ではあるが，方向別に一つの搬送波を使用する。誤解をさけるため，単一キャリア変調方式（SCM：single carrier modulation）とも呼ばれる[4]。

ADSLには，より高速化を狙ったものも開発されている。各種ADSL方式の概要を表5.1にまとめる。

表5.1　各種ADSL方式の概要

名　称	下り最大伝送速度	上り最大伝送速度	使用帯域〔kHz〕	備　考	仕　様
フルレートADSL	12 Mbps	640 kbps	25～1 104		ITU-T G.992.1
ADSL Lite	1.5 Mbps	512 kbps	25～552	ハーフレートADSL，ユニバーサルADSLとも呼ばれる。フルレートの1/2の帯域	ITU-T G.992.2
フルレートADSL2	12 Mbps	640 kbps	25～1 104		ITU-T G.992.3
ADSL2 Lite	1.5 Mbps	512 kbps	25～552	ハーフレートADSL2，ユニバーサルADSL2とも呼ばれる	ITU-T G.992.4
ADSL2+	24 Mbps	640 kbps	25～2 208	フルレートADSLの2倍の帯域	ITU-T G.992.5
CAP ADSL	2.2 Mbps	1.4 Mbps	35～631	米国仕様。搬送波上下各1を使用	ANSI T1E1/97-228

CAP方式以外はすべてDMT方式

ユーザ宅内から電話局までの距離，他の加入者線の伝送信号からの漏話や，反射による雑音などの電気的環境条件や，ケーブル種別などの敷設環境により，伝送速度は影響を受ける。そのため，最大伝送速度は規定されているが，

距離が大きくなると伝送線路の減衰ひずみが大きくなること，他のケーブルの信号からの誘導雑音が増加することなどの理由により，実効伝送速度は低下する。すべてのユーザ端末が，伝送損失や外部雑音の点で最大伝送速度を満足する条件を必ずしも備えているわけではないため，最大伝送速度は，すべてのユーザ端末に対して保証されるものではない。

ADSL の 1.5 Mbps 方式，8 Mbps 方式，24 Mbps 方式のスループット平均値と加入者線長の実測例を図 5.6 に示す[5]。

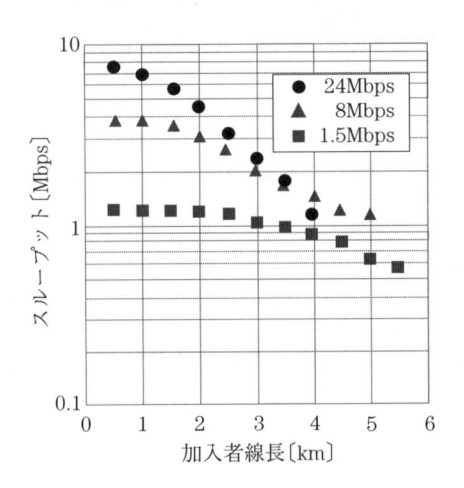

図 5.6 ADSL の各種方式のスループット平均値と加入者線長の実測例

ちなみに，日本の平均加入者線長は約 2 km，90% 値で 7 km である。日本の加入者線長分布を図 5.7 に示す[6]。

〔2〕 HDSL

HDSL (high bit rate digital subscriber line) は，2 ペアケーブルで 1.5 Mbps，3 ペアケーブルで 2 Mbps の全二重通信を提供する。1 ペアケーブルで 1.5 Mbps 方式もある[7]。高速ディジタル専用線に利用した例がある。

〔3〕 VDSL

VDSL (very high data rate digital subscriber line) は，より高速の ADSL で，上り方向が最大 2.3 Mbps 程度で下り方向が最大 50 Mbps 程度でその他の

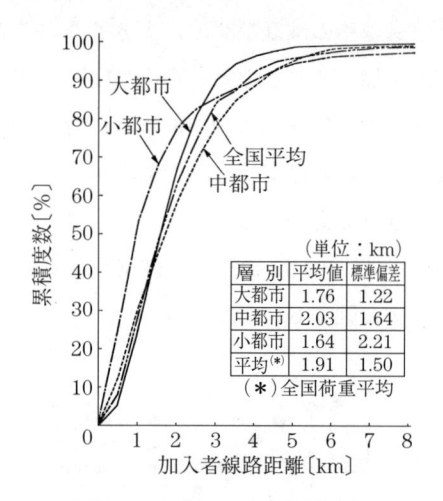

図5.7 日本の加入者線長分布

xDSL に比較して伝送距離は短い。ユーザ宅の最寄りの電柱まで光ケーブルを敷設し，そこから家庭まで1ペアケーブルで回線を引き込む。FTTC (fiber to the curb) の銅線部分などでの利用が想定されている[8]。

〔4〕 SHDSL

SHDSL (single-pair high-speed digital subscriber line) は，1ペアケーブルで最大2Mbps程度の全二重通信を提供する[9]。使用例として，インターネットのアクセス回線として提供している。

ADSL を除く各種 DSL 方式を表5.2 にまとめる。

表5.2 ADSL を除く各種 DSL 方式

方式	最大伝送速度〔Mbps〕		特徴など	ITU-T 勧告	仕様完成年
	下り	上り			
VDSL	55	15	very-high-data-rate DSL	G.993.1	2004
VDSL2	100	100	very-high-data-rate DSL 2	G.993.2	2005
HDSL	2	2	high-bit-rate digital subscriber line, 2対ペアケーブル	—	—
SHDSL	2.3	2.3	多元速度 single pair HDSL/symmetric HDSL	G.991.2	2001

5.3 光アクセス

　光ファイバケーブルは，Gbps オーダーの伝送が可能である。ADSL は，敷設済みのより対線ケーブルの加入者線を有効利用し，かつ電話加入者線と線路設備を共通に利用するため経済的である。これに対して，光アクセス（FTTH）では，光ファイバケーブルを新たに敷設する必要がある。

　光アクセスネットワークの構成には，PP（point-to-point，SS：single star ともいう）と PON がある。

　光アクセスの PP 方式と PON 方式の構成例を図 5.8 に示す。PP および PON では，光信号は上りと下りで異なる波長の光信号による波長多重（WDM：wavelength division multiplexing）伝送を行う。

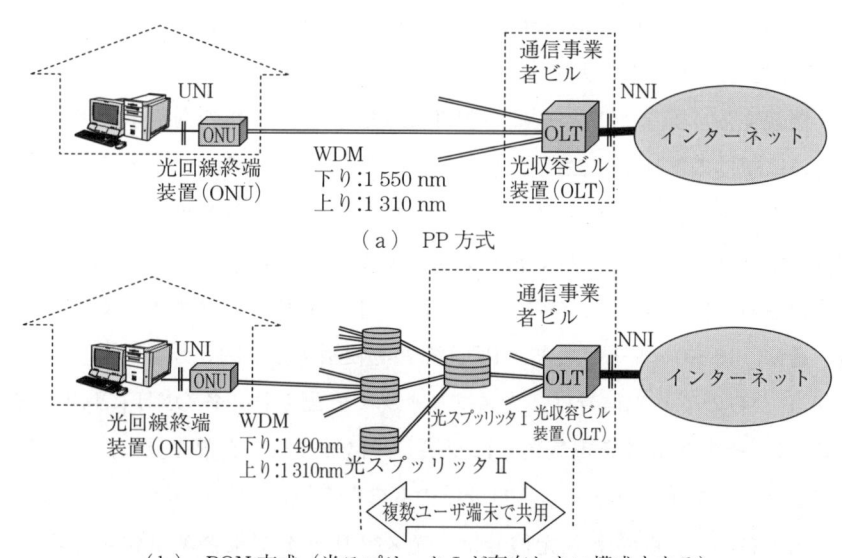

（a）PP 方式

（b）PON 方式（光スプリッタ I が存在しない構成もある）

図 5.8　光アクセスの PP 方式と PON 方式の構成例

〔1〕PP 光アクセス

　PP 光アクセスでは，ユーザ宅内に光回線終端装置（ONU：optical network

unit）を，通信事業者ビルに光収容ビル装置（OLT：optical line terminal）をそれぞれ設置し，ONUとOLT間を光ファイバにより1対1で接続する。

光ファイバをユーザ宅内と通信事業者ビル間で1ユーザ端末が占有使用するので，20〜30 km程度の伝送が可能である。さらに，1本の光ファイバを1ユーザ端末が占有しているため，外部からの侵入などに対して，より安全性が高い。PP光アクセスでは，100 Mbps光Ethernet（100 BASE-FX）をベースとして，アクセスネットワークに必要な機能が追加されている。OLTとONUには，電気信号と光信号との相互変換を行うメディアコンバータ（MC：media converter）が適用される。

1本の光ファイバを占有するため，帯域は光ファイバの最大伝送能力を使用することができる。

〔2〕 PON光アクセス

PON光アクセスは，ユーザ宅内のONUと通信事業者ビル内のOLTを，ONUとOLTの中間に設置された受動的光スプリッタを介して光ファイバにより接続する。光スプリッタは，OLTとONUとの中間の通信事業者ビル内あるいは屋外の電柱上に設置される。光スプリッタは，ポート数が1の事業者ビル側ポートと，ポート数がnのユーザ側ポート間の光の分配と集合を行う。OLTは，1本の光ファイバで光スプリッタの事業者側ポート（ポート数1側）に接続され，ONUは，n本のユーザ側ポートに個別の光ファイバで接続される。通常，16〜64ユーザ端末でPONを共有使用する（図5.8参照）。

OLTからの下り光信号は，光スプリッタで分配され，各ONUに到達する。ONUは，その光信号を電気信号に変換し，信号のヘッダ部を見て，宛先が自分宛かどうかをチェックする。自分宛のものなら取り込み，そうでなければ廃棄する。ONUからの上り光信号は，光スプリッタで集合多重化される。各ONUからの光信号は，同一波長を用いているので，多重化の際に，衝突を起こさないように，OLTは，ONUの信号送出タイミングを制御する。すなわち，各ONUへの線路長の差を考慮して，送出タイミングを補正する。さらに，OLTは，各ONUに対して，データ送出量を指示する機能を持っている。

こうして，ONUごとの帯域制御が可能である。

PONには，ATM技術ベースのタイプ（B-PON）と，Ethernet技術ベースのタイプ（E-PON）がある。

PONでは，光スプリッタからOLT側の光ファイバや光モジュール（光送受信回路）などの通信設備が，同じ光スプリッタに接続されているONUで共用化するため，PPと比較して経済的である。

事業者ビルから光スプリッタまでは，一本の光ファイバを複数ユーザ端末で共用する。そのため，全ユーザ端末が同時に使用する場合には，ユーザ端末数をnとすると，共有部分の光ファイバの最大伝送能力からオーバヘッドを除いた帯域のn分の1が，各ユーザ端末に配分される最大伝送能力である。また，下り方向の光信号は，n個のONUに分岐配信されるため，光信号強度も最大でもn分の1になる。そのため，分岐数が多くなると伝送距離は小さくなる。実際には，光スプリッタの内部損失のため，さらに伝送距離は小さくなる。

PONによる光アクセスの主要方式を表5.3に示す。16〜64のユーザ端末

表5.3 PONによる光アクセスの主要方式

		B-PON	G-PON	E-PON	GE-PON
伝送フレーム		ATM	GEM/ATM	Ethernet	Ethernet
伝送速度	上り	155/622 Mbps	155/622 Mbps/ 1.244/ 2.488 Gbps	100〜600 Mbps	1.25 Gbps （実効1 Gbps）
	下り	155/622 Mbps/ 1.244 Gbps	1.244/ 2.488 Gbps	100〜600 Mbps	1.25 Gbps （実効1 Gbps）
光波長 （WDMの場合）	上り	1.26〜1.36 μm	1.31 μm	1.31 μm	1.31 μm
	下り	1.48〜1.58 μm	1.49 μm	1.49/1.55 μm	1.49/1.55 μm
PONあたりの加入者数		32（最大64）	32	32	32（16以上）
伝送距離		20 km	10/20 km	30 km	10/20 km
備考			GE-PONをG-PONと誤用する場合がある	GE-PONと区別するため100Mの場合100 ME-PONとも呼ばれる	単にE-PONとも呼ばれる
仕様		ITU-T G.983	ITU-T G.984	日本独自仕様	IEEE802.3ah （EFM）

が，光スプリッタにより1芯の光ファイバの帯域を共用する．

　通常のメタリック加入者線の最大長は，5～7km 程度である．それに対して，PON の伝送距離は 10～20km であるため，1通信事業者ビルがカバーする加入者エリアを大きくとることができる．メタリック加入者線に比較して，約 10～16 倍程度の広い範囲を1事業者ビルに収容可能であるため，エリア内のユーザ密度が疎な場合にも適している．

〔3〕 B-PON

　B-PON（broadband PON）は，ATM 技術をベースとした PON 方式である．光伝送信号として 53 オクテットの ATM セルを使用し，ONU の識別に ATM の VPI（virtual path identifier，仮想パス識別子）を使用する[10]．ATM-PON とも呼ばれる．最大 32 分岐で最長 20km の伝送が可能である．上り波長 1 260～1 360 nm，下り波長 1 480～1 580 nm の波長多重による双方向伝送を行う．

　通信速度は上り 155 Mbps，622 Mbps，下り 155 Mbps，622 Mbps，1.2 Gbps であり，下り伝送速度に対して，それを超えない上り伝送速度が適用される．

　オプションとして，下り波長帯域内に追加サービス用の波長（1 550～1 560 nm）を定義してあり，ディジタル放送などの多重が可能である．

〔4〕 G-PON

　G-PON（gigabit-capable PON）[11] では，PON の伝達モードとして，可変長の GEM（G-PON encapsulation method）フレーム，あるいは，ATM セルのいずれかを用いる．

　下り伝送速度 1.244 Gbps，2.488 Gbps，上り伝送速度 155.52 Mbps，622.08 Mbps，1.244 Gbps，2.488 Gbps である．下り伝送速度に対して，それを超えない上り伝送速度が適用される．例えば，下り 1.244 Gbps の場合，上り 155.52 Mbps，622.08 Mbps，1.244 Gbps のうちの一つが選択される．Ethernet の伝送もサービスメニューの一つである．

　つぎの GE-PON は，Ethernet フレームを用いる伝送であり，名称が紛らわ

しく混用されることがあるので注意が必要である．

〔5〕 E-PON/GE-PON

E-PON/GE-PON（Ethernet over PON/gigabit Ethernet PON）[12]は Ethernet をベースとした PON 方式である．光ファイバ伝送に Ethernet フレームを用いる．MAC フレームのプリアンブル部分を使用して，ONU の ID 番号を識別する．E-PON は，上り下りとも最大 1 Gbps の仕様があり，GE-PON と呼

ラストマイルとファーストマイル（最後の 1 マイルと最初の 1 マイル）

ADSL ではすでに電話加入者線として敷設済みのケーブルを加入者線として利用するのに対して，光ファイバによるアクセスは，光ファイバケーブルをすべて新規に敷設する必要がある．ケーブル敷設コスト負担が大きいこと，光ファイバ線路がメタリックより対線に比べて高価なことなどから，ユーザ宅内まで光ファイバで接続する FTTH は，遅々として進まなかった．ネットワークの全光化の最後のターゲットがユーザ宅内までの加入者線の部分にあることから，「ラストマイル」問題と呼ばれていた．ちなみに，1 マイルは 1.61 km であり，日本の大都市の平均加入者線長は 1.76 km である．

将来的にはコスト低減は見込むことができるものの，大量導入によるコスト削減か，コスト削減による大量導入かは「鶏と卵」の関係であり，長期間にわたる議論であった．

光ファイバ導入は，コストが下がったから進展したのではなくて，国際および国内の市場競争に優位に立つための市場戦略を契機として拍車がかかった．

一方，Ethernet はオフィス内 LAN や，構内 LAN で広く使用されている．最近ではブロードバンドインターネットアクセスの普及に伴い，家庭内の LAN としても普及している．この Ethernet をベースにして，ネットワークアクセスに利用するのが E-PON である．米国では，IEEE 802.3 ah として仕様化され，メタリックケーブル，光 PP および PON を使用する．IEEE 802.3 ah は別名 EFM と呼ばれる．すなわち，ユーザ側からのネットワークアクセス部分の最初の 1 マイルに，ユーザ宅内の技術を延長する試みであるとの狙いである．ネットワークアクセスのユーザ宅内から 1 マイルは，ネットワーク側から見れば最後のターゲット，ユーザ側から見れば最初のターゲットである．

同様に，ユーザ端末は，ネットワーク側から見れば最後の端点（すなわち端末，end terminal），ユーザ側から見ればネットワークアクセスのための最初の端点である．

ばれることもある。また，LANに用いられているEthernetをアクセスネットワークに拡張適用することを目的としているため，EFM (Ethernet in the first mile，最初の1マイルのEthernet) とも呼ばれる。

日本では，上り下りがそれぞれ100 Mbpsおよび600 Mbpsのものが，当初，導入された。PON部分は100 Mbpsである。最大32加入者で共同使用するため，32加入者が同時に使用すると，加入者あたりの最大平均スループットは約1/32になる。100 Mbpsの最大実効スループットは70〜80 Mbps程度であるので，1加入あたり数Mbpsのスループットとなる。伝送速度1 Gbpsのものが一般的になりつつある。

GE-PONは，前節のG-PONと混同されることがあるが別物である。

5.4 ケーブルアクセス

ケーブルテレビは，センター装置からユーザ宅内まで同軸ケーブルをツリー上に接続し同報的にテレビ信号を配信する。ケーブルテレビでは，ツリー上に信号を分岐分配することに伴う信号レベルの低下を補償するため，下り方向増幅器が設置されている。ケーブルテレビは，下り方向のテレビ信号を配信する。これに対して，ケーブルアクセスでは，双方向の信号伝送が必要であるため，上り方向増幅器も設置する必要がある。

同一の同軸ケーブルによって上り伝送と下り伝送を行うため，テレビ配信に使用していない帯域をそれぞれの方向の伝送のための帯域に割り当てる。これらの帯域は，複数のユーザ端末によって共同使用される。

ケーブルアクセスの基本構成例を図5.9に示す。この例は，幹線系に光ファイバケーブルを用い，配線系には同軸ケーブルを用いている複合系（FC系）の例である。

ケーブルモデムを用いたブロードバンドアクセスは，ケーブルテレビが普及している米国を中心に発展した。代表的な仕様にはDOCSIS (data over cable service interface specification) がある[13]。

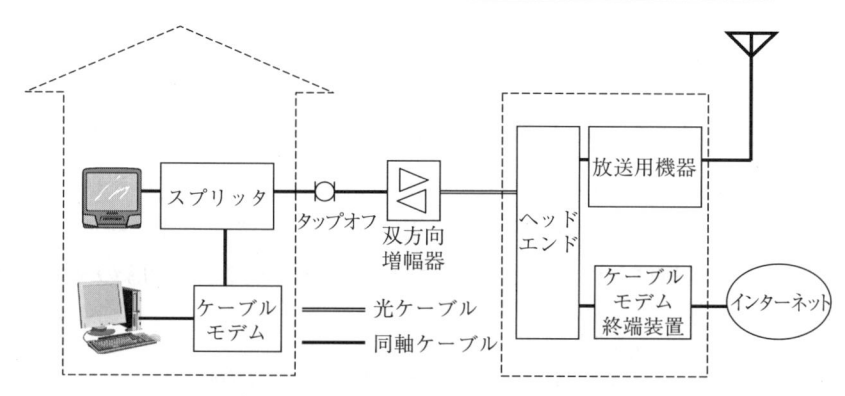

図5.9 ケーブルアクセスの基本構成例

DOCSIS 1.0 は，下り方向は放送1チャネル分（6 MHz）の周波数帯域を用いて，最大 43 Mbps の通信速度を実現する．上り方向は，0.2～3.2 MHz の周波数帯域を用いて，最大 10 Mbps の通信速度を実現する．

DOCSIS 1.1 では，IP 電話などに有効な QoS をサポートし，通信速度は DOCSIS 1.0 と同じ最大で下り通信速度 30 Mbps，上り 10 Mbps である．

DOCSIS 2.0 では，上りのデータの変調方式に S-CDMA と A-TDMA を採用し，上り方向の通信速度は下り方向と同じ 30 Mbps である．

DOCSIS 1.0 は，DOCSIS の最初の標準仕様（1997 年）であり，国内外で広く採用されている．後に ITU-T でも勧告化された（J.112 AnnexB）．

ダイヤルアップと常時接続

インターネットアクセスには，電話モデムを使用し，インターネットアクセス番号にダイヤルして接続するダイヤルアップ接続（dial-up）と，ADSL，FTTH，ケーブルアクセスなどによる常時接続（always on）がある．

常時接続では「常時（ネットワーク層）コネクション」が張られているのではなく，常時アクセスが可能である状態をさす．ユーザから見て常時アクセスが可能であるように見えればよいので，必ずしも，常時，物理層，データリンク層，ネットワーク層が起動していなくても，ユーザがアクセスしたときに，ユーザが待たされていると感じなければ常時接続という場合もある．

専用線による接続が厳密な意味での常時接続の例である．

DOCSIS 1.1 は，DOCSIS 1.0 に改良を加え，QoS 機能の拡張が図られている。通信速度は，DOCSIS 1.0 と同じである。DOCSIS 1.0/1.1 は，ITU-T 勧告 J.112 としても規定されている[14]。また，下り信号については，ITU-T 勧告 J.83 にも規定されている。日本仕様は，J.83 Annex C として規定されている。DOCSIS 2.0 は，ITU-T 勧告 J.122 に規定されている[15]。日本仕様は，J.122 Annex J として規定されている。ケーブルアクセス方式 DOCSIS の概要を表 5.4 に示す。

表 5.4　ケーブルアクセス方式 DOCSIS の概要

仕様	最大伝送速度〔Mbps〕		変調方式		帯域幅〔MHz〕	
	下り	上り	下り	上り	下り	上り
DOCSIS 1.0	42.89	10.24	64/256 QAM	QPSK/16 QAM	3.2	6
DOCSIS 1.1	42.89	10.24	64/256 QAM	QPSK/16 QAM	3.2	6
DOCSIS 2.0	42.89	30.72	64/256 QAM	QPSK/8/16/32/64/128 QAM	6.4	6

QPSK : quadrature-phase shift keying, 四相位相偏移変調
QAM : quadrature amplitude modulation, 直交振幅変調

5.5　ISDN アクセス

〔1〕　ネットワークアクセスアーキテクチャ

サービス総合の基本概念は，電話ネットワークのディジタル化研究の過程で，1970 年代後半に日本から提案された。1984 年に ISDN 基本仕様が完成した。

ISDN の基幹技術は，エンドツーエンドのディジタル 1 リンク接続と帯域外加入者線信号方式（outband signaling）である。これにより，64 kbps および 1 次群速度以下の回線交換サービスとパケット交換サービスを，統合された一つのユーザ-ネットワークインタフェースで提供する。さらに，帯域外加入者線信号方式 DSS1（digital subscriber signaling No. 1）によって，通信途中の付加的なマルチポイント接続追加，および，マルチポイント接続切断処理などの高度な呼制御を可能とする。

ISDN 以前のネットワークでは，サービスごとに個別のユーザ-ネットワークインタフェースが必要であった．このようなネットワークを，サービス個別ネットワークと呼ぶ．それに対して，ISDN はディジタルによるサービス総合ネットワークである．ISDN 以前と ISDN のネットワークアクセスアーキテクチャを図 5.10 に示す．

（a）ISDN 以前のネットワーク

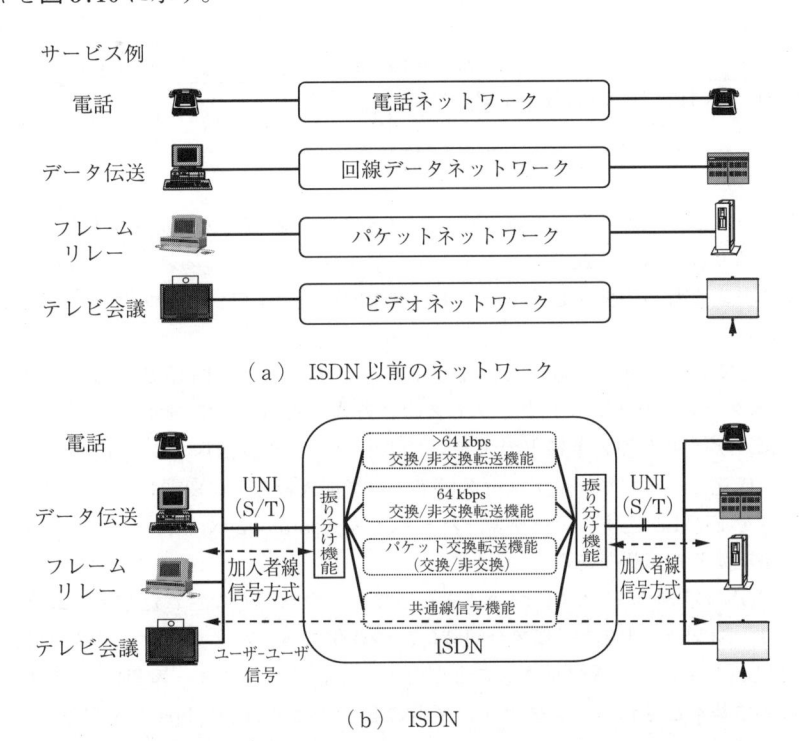

（b）ISDN

図 5.10　ISDN 以前と ISDN のネットワークアクセスアーキテクチャ

〔2〕　ユーザ-ネットワークインタフェース

ユーザ-ネットワークインタフェースとしては，64 kbps の B チャネルが 2 本と信号用の 16 kbps の D チャネルが提供できる基本インタフェース（BRI, basic rate interface）と，伝送ハイアラーキの一次群に相当する速度を持つ，一次群速度インタフェース（PRI：primary rate interface）の 2 種類がある．ISDN の基本アクセスと 1.5 Mbps 1 次群アクセスを表 5.5 に示す[16]．

表 5.5　ISDN の基本アクセスと 1.5 Mbps 1 次群アクセス

	インタフェース速度〔kbps〕	インタフェース構造	接続形態	注
基本アクセス	192	2B+D	ポイント-ポイント 受動バス接続	D=16 kbps
1 次群アクセス	1 544	23B+D $4H_0/3H_0+D$ H_{11} nB+mH$_0$+D	ポイント-ポイント	D=64 kbps

B=64 kbps, H_0=384 kbps, H_{11}=1 536 kbps

ISDN

　ISDN のサービス総合とは，ネットワークと端末の全ディジタル化により，異なるサービスに共通なチャネルとユーザネットワークインタフェースの実現であり，これらの機能をサポートする汎用的なネットワークアクセスの実現である。

　ISDN 研究の初期段階では，ネットワークアクセスに関して A-アクセス，D-アクセス，ハイブリッドアクセスの 3 方式が候補として検討された。A-方式は，アナログ加入者線上でモデムによるディジタル伝送，D-方式はディジタル伝送，ハイブリッドアクセスはアナログ加入者線上に変調したディジタル信号を FDM 伝送するデータオーバーボイス（data over voice：ここでは DoV と略記する）伝送である。

　ISDN の基本サービスについても，さまざまな検討がなされた結果，最終的には，64 kbps 回線サービスを同時に二つ提供でき，パケットサービス（最大 64 kbps）も同時に提供可能なこととして，基本インタフェース 2B+D がサービスの基本とされた。シグナリング用の D チャネルは 16 kbps と規定された。これは，D チャネル上でパケットサービスの提供も想定し，当時のモデムの最大速度が 9.6 kbps，実現可能性が見えていたのが 14.4 kbps であったためである。基本インタフェース（=144 kbps+伝送フレーム）を伝送するためには，当時の技術によれば D-方式が唯一の実際的な解として選択された。

　ディジタル信号処理技術の向上と LSI 技術の進歩により，線路等化の精度が飛躍的に向上した。その結果，DoV によっても数百 kbps～数 Mbps の伝送が可能となった。これらの諸方式は，一括して xDSL と呼ばれる（x=A, H, SH/S, V など，勧告 G.955.1, 2000 年）。このうち，ADSL は，高速のインターネットアクセスとして急速に普及した。

5.5 ISDN アクセス

ISDN 基本アクセスは，ADSL や FTTH が普及する以前は，一般家庭などでインターネットアクセスに用いられ，一次群速度インタフェースは，企業の PBX やテレビ会議システム用として用いられている。

ISDN 基本インタフェースでは，情報転送速度が 64 kbps（B チャネル）＋64 kbps（B チャネル）＋16 kbps（D チャネル）であり，伝送フレームを付加したインタフェースの物理速度は 192 kbps である。そのため，ベースバンド伝送であっても，電話加入者線のベースバンド伝送帯域 3.4 kHz に比べて帯域は広く，ADSL で使用する帯域（25〜1 104 kHz）と重複している。その

ADSL のスペクトラム

ADSL は電話加入者線の音声信号（300 Hz〜3.4 kHz）より高周波側の空き帯域を利用して双方向の非対称ディジタル信号伝送を行う。受信信号は線路の伝送損失により信号は減衰し，規定される伝送符号誤り率を確保できる信号対雑音比によって，あるスループットが確保できる最大伝送距離が定まる。

電話加入者ケーブルは，電話局側ではケーブル 1 条あたり 200 対から最大 3 600 対のより対線を収容している。したがって，ADSL 加入者は他の ADSL 加入者の信号により相互に干渉を及ぼしあう。あるいは，同じ帯域を使用する ISDN 加入者の信号とも相互に干渉しあう。

ADSL は，ディジタル信号処理によりこれらの干渉雑音信号を除去する。信号が線路損失により減衰して，干渉がない条件でも，SN 比が小さくなること，ディジタル処理で除去しきれない残差雑音成分が SN 比を劣化させることが原因で，伝送距離が大きくなると伝送可能なスループットが低下する。

このように，制御可能でない要因がスループットを制限しているため，ADSL では最大スループットは規定できるが，実際のスループットは実際に測定しないと把握できない。また，実際の測定によってでも，他の加入者の線路の使用状況によって干渉源雑音信号量は変動するためにスループットは一定ではない。

日本の ISDN 加入者伝送方式は，いわゆるピンポン伝送方式であり，米国 ISDN のベースバンドディジタル伝送方式の約 2 倍の帯域を占有し，ADSL の伝達スペクトラムと干渉する重複帯域が大きい。干渉を小さくするために ADSL 側でピンポン方式との同期伝送を採用するなどの工夫を行っている。
(ITU-T G.992.1/G.992.2 ANNEX C)

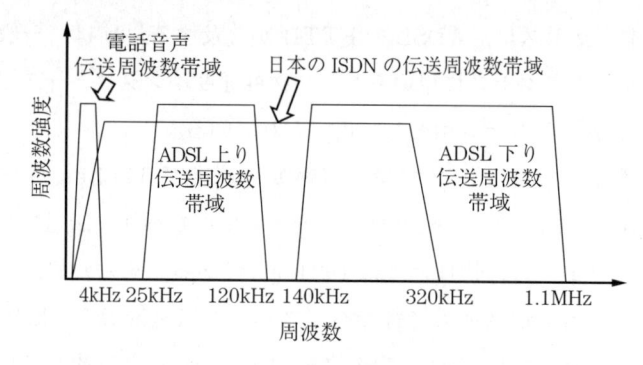

図5.11 ISDNとADSLの伝送スペクトラム

ため，ISDN加入者線はADSLと共用できない。

ISDNの伝送スペクトラムとADSLの伝送スペクトラムを図5.11に示す。

5.6 UNIとNNI

アクセスプロトコルは，ユーザ端末が通信を開始する手順を定めたものである。この手順を定義する物理的な場所（インタフェース），あるいは，その手順そのものを，UNI（ユーザ-ネットワークインタフェース）と呼ぶ。通信開始手順のことを，ネットワークアクセスプロトコル，加入者線信号方式とも呼ぶ。

ネットワーク内のルータ-ルータ間，交換機-交換機間などネットワークノード間でやりとりする手順をネットワークプロトコルと呼び，ネットワークプロトコルが定義される場所，あるいは，その手順そのものをNNI（ネットワークノードインタフェース）と呼ぶ。NNIは，ネットワークツーネットワークインタフェースをさす場合もあるので注意が必要である。

物理的なユーザ-ネットワークインタフェースは，ネットワーク機能とユーザ機能の機能分界点であるとともに，保守・運用の責任分界点である。

通信市場が自由化された1985年4月以前の電話機は，ネットワーク事業者（日本電信電話公社，当時）の資産であり，ユーザは電話機を保有しないで，

電話機能によって提供される電話通信サービスを役務サービスとして享受していた。例えば，電話による通信が何らかの理由で支障が発生した場合には，ネットワーク事業者が，電話機の故障か，ネットワーク側の不具合かなどの故障箇所の切り分けを行い，必要な措置を講じた。

現在は，電話機は一般の市場で入手可能（これを端末開放という）で，電話機がユーザの所有物であれば，故障修理についてはユーザの責任で手配を行う必要がある。また，電話機までのユーザ宅内配線についても，レンタル使用（NTT資産）の場合には，NTTが保守し，ユーザ買い取り（ユーザ資産）の場合には，ユーザの責任で保守することになるなど，責任分界点が異なる。

6章 マルチアクセス制御

6.1 ペイロード，スループット，ネットワーク負荷率

〔1〕 ペイロードとトラヒック

伝送路は，物理層のオーバヘッド（伝送フレーム）を必要とするため，伝送路速度のすべてを情報伝送のために用いることはできない。情報転送に使用できる最大容量をペイロードという。すなわち，ペイロードは，伝送路速度からオーバヘッドを差し引いた容量である。例えば，T1 伝送方式の伝送路速度は，1.544 Mbps であり，ペイロードは 1.536 Mbps（24×64 kbps），伝送用オーバヘッドは 8 kbps である。

トラヒック（トラヒック量 traffic volume）は，ネットワークに送出される情報の総容量，あるいは，場合によっては，総容量をネットワークの物理速度で正規化したものを意味する。後者は，ネットワーク負荷率ともいう。

パケットネットワークに送出された情報は，パケット同士の衝突，あるいは，パケットの混雑によるバッファ溢れなどの要因によりネットワーク内で失われ，単位時間当たりに，ネットワークが運ぶことができるトラヒック量は伝送路のペイロード速度を下回る。すなわち，パケットネットワークでは，伝送リンクのペイロード速度は，運ぶことができる情報伝送速度の上限を与えるが，単位時間あたりに伝達できる最大情報容量そのものではない。

ペイロードとトラヒック量は，通常「バイト」（もちろん「オクテット」の意味）で表現される。

〔2〕 スループット

スループットとは，ネットワークに単位時間内に送出されたパケットのうち，受信側に正常に到達したパケットの総量，すなわち，単位時間当たりの実効情報転送量をいう。すなわち，ペイロード速度からプロトコルのオーバヘッド，バッファあふれによる処理遅延の変動などに起因する速度低下を差し引いた実効通信速度を意味する。

スループットの最大理論値は，伝送路のペイロード速度である。すなわち，スループットが最大の状態とは，ネットワーク内でパケット衝突がゼロで，かつ，伝送路のペイロードに，無駄なくパケットが連続して転送されている状態をさす。すなわち，パケット列が隙間なく整然と連続してネットワークに流れ込み，すべてのノードで，パケット列が隙間なく整然と連続してルーチングされて，伝送路が100%の時間率で利用されている状態である。これは，現実に

ペイロード

バスによる乗客の運搬や，トラックによる荷物の配送を考えてみよう。乗客や荷物は，運賃や運搬料の支払い（ペイ）が必要がある。輸送機関を運行する立場で考えれば，運賃や運搬料によって収入を確保して輸送手段の安全な運用を継続する。

ペイロードとは，運搬料金が支払ってもらえる最大負荷量（ペイしてもらえるロード）である。バスの場合には最大乗客数（全席指定の場合には座席数），トラックの場合には最大積載量である。

バスやトラックがペイロード以外に運ぶ必要がある重量は，バスやトラックの車体そのもの（自重）と運行に必要な運転手である。これらは，運賃収入を直接もたらさないオーバヘッド重量であるが，なくて済ませられるわけではない。

同様に，パケット通信においては，ユーザ情報を転送する部分をペイロードといい，この部分の転送に対してユーザは，従量あるいは定額の通信料を支払う。ペイロード以外のヘッダなどの部分はオーバヘッドであり，運転手や自動車そのものに相当する（1章の図1.8参照）。

航空機の場合には，ペイロードは，離陸可能で航続距離を満足する最大旅客重量（貨物重量），人工衛星を打ち上げるロケットの場合には，衛星軌道に打ち上げ可能な最大重量である。

は発生しない状態である。高速道路で，すべての車両が隙間なく等速で流れ込み，等速で流れ出す状態を想像すればよい。

スループットは，もともとコンピュータの単位時間あたりの処理能力のことであり，コンピュータが単位時間内に処理できる命令数を意味しているものが転じて使用されている。スループットは，伝送速度と同様に「ビット/秒 (bps)」で表現される。

理論上の最大スループット，すなわち，ペイロード速度を1として正規化した量でスループットを表現することもある。もちろん，この表現によればスループットの単位は無次元である。

〔3〕 ネットワーク負荷率

ネットワーク負荷率とは，ネットワークに流れ込む単位時間当たりのパケット総量を，ペイロード速度で正規化したものである。したがって，負荷率の単位は無次元である。

パケットの競合が発生するネットワークにおいては，負荷率が1に近づくと，ネットワークは混雑し，スループットは低下し，ネットワーク遅延は増大する。

6.2 共有メディアとマルチアクセス制御

一つの伝送メディア上で，一つの通信チャネルを提供する1対1接続を基本とするスター型ネットワークでは，伝送メディアと論理チャネルが1対1で完全に対応している。そのため，伝送メディアとの物理的な接続が保証されていれば，物理層とデータリンク層は1対1の情報転送に専念する。

一方，一つの伝送メディアを複数の端末が共通的に使用し，複数の端末同士が通信するために，複数の論理チャネルを提供する共有メディア（shared media）もLANなどで広く使用されている。

チャネルタイプの観点から，前者は1対1型チャネルによる通信，後者を放送型チャネルによる通信という。放送型チャネルは，その名のとおり，すべて

の端末からチャネル上の同一信号にアクセスが可能である。

共有メディアに使用するネットワークトポロジー（以下，トポロジーと記す）としてバス型，リング型，ツリー型などがある。

スター型トポロジーと共有メディア型トポロジーの例を図6.1に示す。

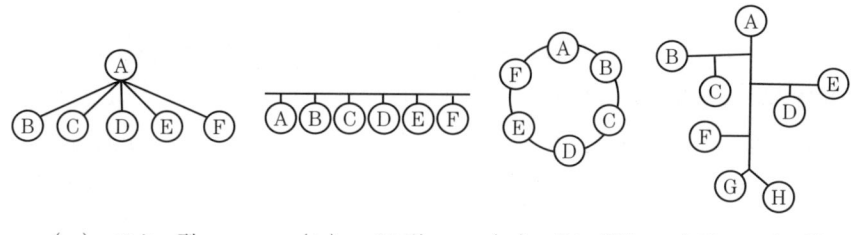

（a）スター型トポロジー　　（b）バス型トポロジー　　（c）リング型トポロジー　　（d）ツリー型トポロジー

図6.1　スター型トポロジーと共有メディア型トポロジーの例

スター型トポロジーにおいては，一つの上位ノード（図6.1(a)のノードⒶ，例えば電話局交換機，あるいはISPサーバ）と複数の下位ノード（図6.1(a)のⒷ〜Ⓕ，加入者端末あるいはクライアントPC）が，1対1で専用の配線ケーブルで物理的に接続されている。

共有メディア型トポロジーにおいては，トポロジーの観点からは，上位ノードと下位ノードの区別はない。バス上，リング上，ツリー上の信号は，放送形式ですべてのノードに配信される。したがって，特定のノード間で情報転送を可能として，その他のノードに情報転送しないためには，特定のノード間でのみ論理チャネルを設定し，その他のノードへの論理チャネルを設定しないアクセス制御が必要である。

このような論理チャネルを制御するためのオーバヘッドが必要であるにもかかわらず，共有メディア型ネットワークトポロジーが広く使用されているのは，つぎのような利点があるからである。

スター型トポロジーの総ケーブル長がノード数にほぼ比例するのに対して，共有メディアのトポロジーでは，総配線ケーブル長は短く，ノード数に比例しない。さらに，ノードの増設と除去やネットワーク規模の拡大と縮小に対し

て，柔軟性がある。

　バス型トポロジー，ツリー型トポロジーでは，ネットワークを稼動させたままノード増設（ホットプラグイン）が可能である。リング型トポロジーでも各ノードでノード間のリンクを終端しない場合には，同様にホットプラグインが可能である。

　バス型トポロジーは，高層ビルなどのオフィスのフロアあるいは工場内などの配線に広く採用されている。

　リング型トポロジーは，バックボーンネットワークや，ノードが面的に散在している WAN（wide area network），MAN（metropolitan area network）などに用いられる。

　ツリー型トポロジーは，もともと片方向放送型配信に適しているため，ケーブルテレビネットワークで一般的に用いられている。ケーブルネットワークを双方向化したケーブルアクセスでも，既設ケーブルの有効利用の観点から，ツリー型が使用されている。

　スター配線（個別メディア）とバス配線（共有メディア）の物理的な接続と情報の流れを図6.2に示す。

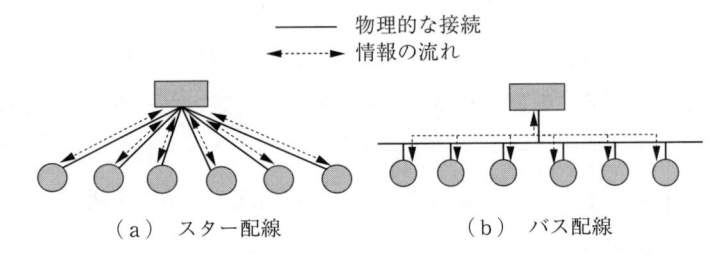

（a）スター配線　　　　（b）バス配線

図6.2　スター配線とバス配線の物理的な接続と情報の流れ

　メディア共有型では，複数のノードが同時にメディアにアクセスし，パケットを送信した場合には，パケット衝突が発生し，通信が成功しない事態が生ずる。したがって，複数のノードで調和的に通信が共存するためには，（1）パケットの同時送信は認めるが，パケット衝突が発生した場合に，速やかにパケット衝突解消のためのパケット送出およびパケット送出停止制御が各ノードに

よって行われるか，あるいは（2）通信要求を持つノードに送信権（放送型チャネルへのアクセス権）を付与してパケットの競合による衝突を回避するか，のいずれかの方策が必要である。

前者は対等な各ノード自身の制御による自律型の分散制御方式であり，後者は送信権を制御するセンター制御装置（マスターノード）による集中制御方式である。

ノードによる自律分散制御方式では，ノード数の増減に対しては柔軟性があるが，すべてのノードが同一の制御則に従う必要がある。すなわち，一部のノードの誤作動が全体に悪影響を及ぼしたり，一部のノードの意図的な制御則違反によりノードの公平性が失われたりする可能性もある。

一方，ノードに送信権を付与する集中制御方式では，全体の調和とノードの公平性を確保することが容易である。

携帯電話や，PHSでは，セルあるいはマイクロセルごとに設置された基地局を，そのセル（マイクロセル）内に存在する複数の端末で共用する。この場合には，セル内の無線伝播路（すなわち空間）を複数の端末で共有するので，空間をバストポロジーで使用する形態と等価である。したがって，一つの基地局で複数の論理チャネルを制御設定し通信を可能とする必要がある。

単一の伝送メディアを複数のノードで使用するための制御方式が，マルチアクセス制御方式である。主要マルチアクセス方式を図6.3に示す。

チャネル割り当てマルチアクセス制御方式には，チャネルをあらかじめ割り当てるプリアサイン方式と，通信要求が発生するたびにチャネルを動的に割り当てるオンデマンド方式とがある。

前者は，制御が容易であるが，チャネルの使用効率は低い。後者は，制御が複雑であるが，チャネルの使用効率は高い。

LANでは，マルチアクセスプロトコルはリンクレイヤ（第2層）の副層プロトコルの機能であり，メディアアクセス制御（media access control）プロトコル，略称MACプロトコルと呼ばれる。

通信要求ノードは，まず伝送メディアにアクセスし，通信のための帯域（チ

6. マルチアクセス制御

```
                                     ┌─ ALOHA
                  ┌─ 競合回避なし    │  (pure ALOHA)
                  │  ランダムアクセス型─┤
                  │                    └─ スロットALOHA
送信権割り当てなし─┤                       (slotted ALOHA)
                  │                                        使用例
                  └─ 競合回避あり     ─── CSMA            Ethernet：CSMA/CD
                     ランダムアクセス型                    無線LAN(IEEE802.11)：
                                                            CSMA/CA
                                     ┌─ トークンリング
                  ┌─ 送信権巡回型 ───┼─ トークンバス
送信権割り当て   ─┤                  └─ ポーリング
による競合回避    │
                  │                  ┌─ 周波数分割多元アクセス  アナログ携帯電話
                  │                  │   FDMA                     ケーブルモデム
                  └─ チャネル        │
                     割り当て型    ──┼─ 時分割マルチアクセス    第2世代携帯電話
                                     │   TDMA                     通信衛星
                                     │
                                     └─ 符号分割マルチアクセス  第3世代携帯電話
                                         CDMA
```

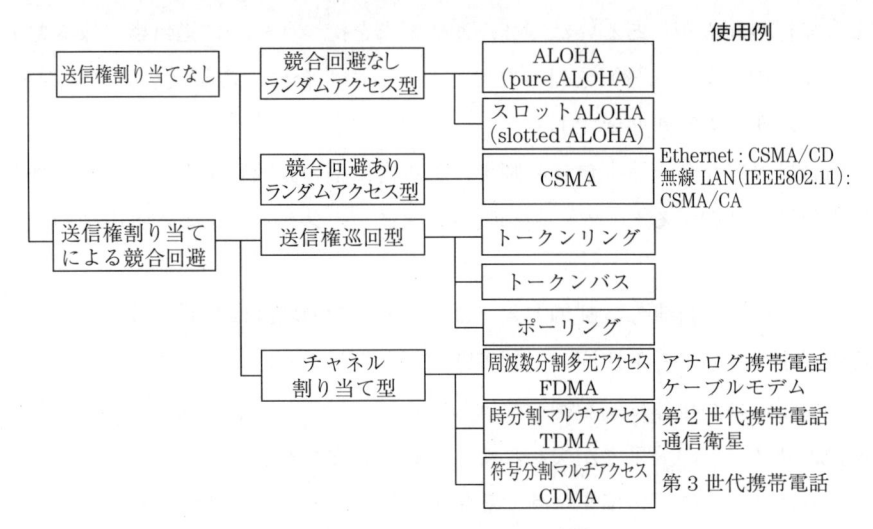

図 6.3　主要マルチアクセス方式

表 6.1　主要な LAN のメディアアクセス制御方式

方　式	トークンパッシング		FDDI	Ethernet				無線LAN
	トークンリング	トークンバス		10 BASE-X	100 BASE-TX	100 BASE-FX	1000 BAS-X	
仕様標準	IEEE802.5	IEEE802.4	ANSI NCITS T12	IEEE802.3				IEEE802.11
物理トポロジー	リング スター型	バス型	二重リング型	バス型/スター型	スター型	スター型	スター型	―
伝送メディア	同軸 UTP	同軸	光ファイバ UTP	同軸 UTP	UTP	光ファイバ	STP 光ファイバ	―
最大伝送速度	4 Mbps/ 16 Mbps	10 Mbps	100 Mbps	10 Mbps	100 Mbps	100 Mbps	1 000 Mbps	11 Mbps(b) 54 Mbps(a, g)
アクセス制御方式	トークンパッシング・リング方式	トークンパッシング・バス方式	タイムド・トークン/アペンド・トークン	CSMA/CD				CSMA/CA

UTP：非シールドより対線，STP：シールドより対線
CSMA/CD：carrier sense multiple access with collision detection,
　　　　　衝突検出型搬送波検知多重アクセス方式
CSMA/CA：carrier sense multiple access with collision avoidance,
　　　　　衝突回避型搬送波検知多重アクセス方式

ャネル）を確保する．この確保された帯域は，回線型通信の回線に相当するため，仮想回線，論理回線，仮想チャネル，論理チャネルなどと呼ばれる．セッション設定を伴うアプリケーションでは，セッションがこれに相当する．

主要なLANのメディアアクセス制御方式を表6.1に示す．

無線LANのアクセスポイントとエンドノード間では，空いているチャネルを探索して確保する．携帯電話の基地局へのアクセスにおいても，そのエリア内に存在する複数の携帯電話端末が同時にアクセスするため，チャネル割り当て制御が必要である．携帯電話による回線モードの通信でも，シグナリング回線設定のためにアクセス制御が行われる．

6.3　ランダムアクセス型プロトコル

〔1〕 ALOHA方式

ALOHA方式（p-ALOHA）では，共有メディアに接続されている他のノード（あるいは端末，以下簡単のためノード）の信号が伝送メディア上に存在しているかどうかを考慮することなく，情報が発生したノードは直ちにパケットを送信する．

パケット長は固定であり，パケット衝突が発生した場合には，すべてのノードはその衝突を検知できるものとする．

あるノードからの送信パケットが他のノードから送信された別のパケットと衝突した場合には，ノードは確率pでそのパケットを再送する．残りの確率$1-p$で1パケット長の伝送時間待機して，同じ手順を繰り返す．

自律分散制御の最も単純な形態であるが，他のノードからのパケットとの衝突が不可避であり，理論的なスループットの最大値は伝送メディア速度の18.4%，すなわち，最大スループットは0.184に留まる．

ALOHA方式におけるパケット衝突を図6.4に示す．

ALOHA方式では各通信ノードが任意のタイミングでパケットを送出する．パケット衝突の際に，先行パケットの末尾と後続パケットの先頭で衝突が発生

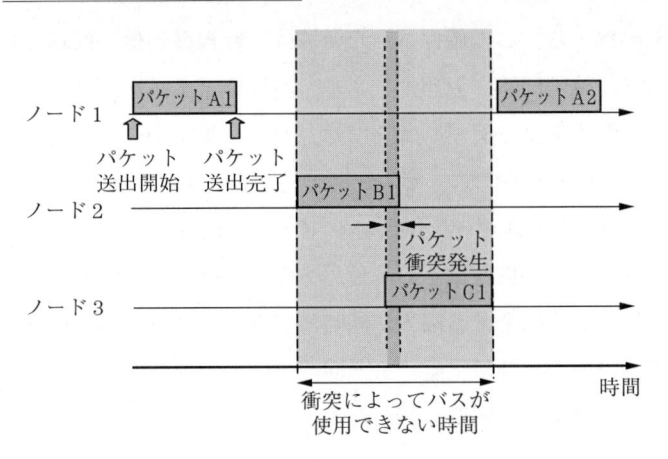

図6.4 ALOHA方式におけるパケット衝突

するのが最悪のケースであり，衝突のために最大で2パケット長の伝送時間だけ伝送メディアが使用できなくなる．

〔2〕 スロットALOHA方式

スロットALOHA方式（s-ALOHA）は，ALOHA方式のスループット向上のために，時間軸上で全ノードに共通にタイムスロットを設定し，情報が発生した全ノードはつぎのタイムスロットまで待機し，つぎのタイムスロットの先頭に同期してパケット送出を開始する．

パケット送信が成功した場合には，すぐつぎのパケットを，つぎのタイムスロットの先頭位置のタイミングで送信を行う．

パケット衝突が発生した場合には，確率pで，その後の各タイムスロットの先頭位置でパケットを再送し，パケット転送に成功するまで繰り返す．

パケット衝突が発生しても，必ず衝突によって伝送メディアが使用できなくなる時間は，1タイムスロットであるので，最大スループットはALOHA方式の2倍（0.368）となる．

スロットALOHA方式におけるパケット衝突を図6.5に示す．

〔3〕 CSMA方式

ALOHA方式では，他のノードからのパケットの有無にかかわらずパケッ

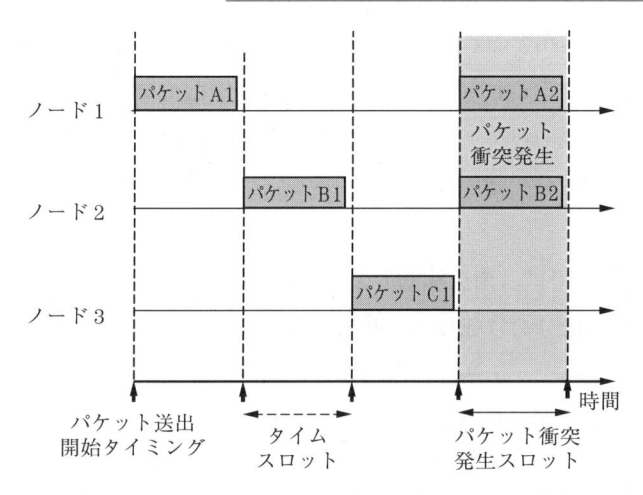

図 6.5 スロット ALOHA 方式におけるパケット衝突

トを送信し，その結果，衝突が発生してスループットの低下をきたした。

スループット改善のために，送信のタイミングで伝送メディア上に他のノードからのパケット情報の有無を検知して，他ノードからの信号がすでに存在している場合には，その信号がメディア上で終了するまでパケット送信を待つ方式が搬送波検知多重アクセス方式（CSMA : carrier sense multiple access）方式である。

衝突回避型搬送波検知多重アクセス方式（CSMA/CA : carrier sense multiple access with collision avoidance）は，IEEE 802.11b，IEEE 802.11g などの無線 LAN に用いられている。

各ノードは衝突を検知できないため，メディアが一定時間以上空いていることを確認してからパケットを送出する。この待ち時間は，ノードごとにランダム設定して相異なる待ち合わせ時間待機させることにより複数のノードの同時アクセスによる衝突を回避（collision avoidance）している。

衝突検出型搬送波検知多重アクセス方式（CSMA/CD : carrier sense multiple access with collision detection）は，Ethernet で使用されている。

各ノードは，伝送メディアが他のノードにより使用中でないかを，まず，検出する（carrier sense）。使用中である場合には，他のノードの通信終了を待

ってパケットを送出する。各ノードは通信中もパケット衝突検出を行い，パケット衝突を検出すると直ちにパケットの送出を停止する。

パケット衝突後のパケットはすべて無駄になるため，無駄なパケットによる伝送メディアの占有を避けることができる。ランダム時間経過後，パケットを再送信する。

CSMAにおいては，衝突検知してからパケット送信を開始するのに，パケット伝播遅延時間分だけ遅らせる必要がある。さもないとパケット検知の結果を知らないままパケット送信を開始する可能性があり，その結果，さらに，パケット衝突発生確率を高める可能性がある。

〔4〕 ランダムアクセス型プロトコルのスループット

ALOHA，スロットALOHAおよびCSMAのスループットとネットワーク負荷の関係を図6.6に示す。ここで，CSMAは伝播遅延時間がゼロの条件の理論値である。

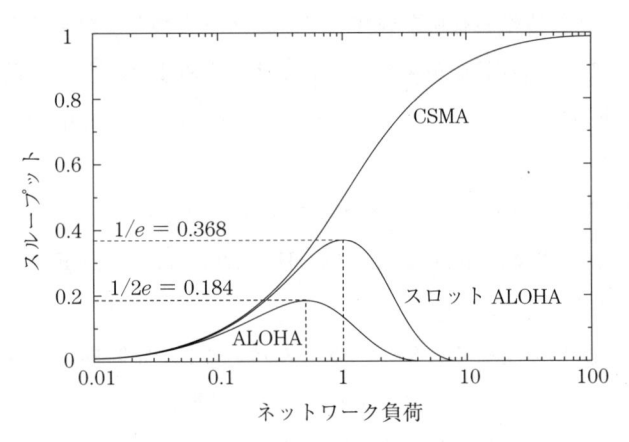

図6.6 ALOHA，スロットALOHAおよびCSMAのスループットとネットワーク負荷の関係

ALOHA，スロットALOHA方式では，ネットワーク負荷がゼロから増大するとともにスループットは大きくなるが，ネットワーク負荷がある値以上になると，パケット衝突確率がパケット転送成功確率より大きくなる。ネットワーク負荷がある値以上になると，つねに衝突が発生するためスループットはゼ

ロになる．したがって，スループットが最大になる最適なネットワーク負荷が存在する．

ALOHAでは，ネットワーク負荷が0.5で最大スループット0.184，スロットALOHAでは，ネットワーク負荷が1において最大スループット0.368になる．

6.4 送信権巡回型プロトコル

〔1〕 トークンパッシング方式

ALOHAとCSMAでは，ネットワーク上で複数のパケット転送が同時に行われることが許されているのがパケット衝突の原因である．

衝突をなくす手段として，ある時点のネットワーク上では単一のパケット転送のみを行う方式が考えられる．この代表的なものに，トークンパッシング方式とポーリング方式がある．

トークンとは，元の意味は，鉄道の単線区間において，一閉塞区間内に一列車しか運転を許さないために，列車に携帯させる運転許可証票のことである．

トークン交換による運転許可の仕組みを図6.7に示す．手順はつぎのとおりである．

閉塞区間の両端の駅をA, Bとする．

手順①：トークンが一方の端駅Aにあり，列車1が駅Aに到着する．

手順②：列車1はこのトークンを受け取り，閉塞区間を進行する．

手順③：駅Bに到着後駅Bでトークンを返却する．逆方向の列車2は，列車1の駅A到着よりも先に駅Bに到着していても，トークンが到着するまで待機する．駅Bにトークンが返却されるとトークンを受け取る．

手順④：列車2は閉塞区間を進行する．

手順⑤：列車2は駅Aに到着すると，駅Aでトークンを返却する．

この閉塞区間はトークンを持つ列車のみが通行を許されるので，同時に2列車が通行することはない．その結果，衝突がさけられることになる．トークン

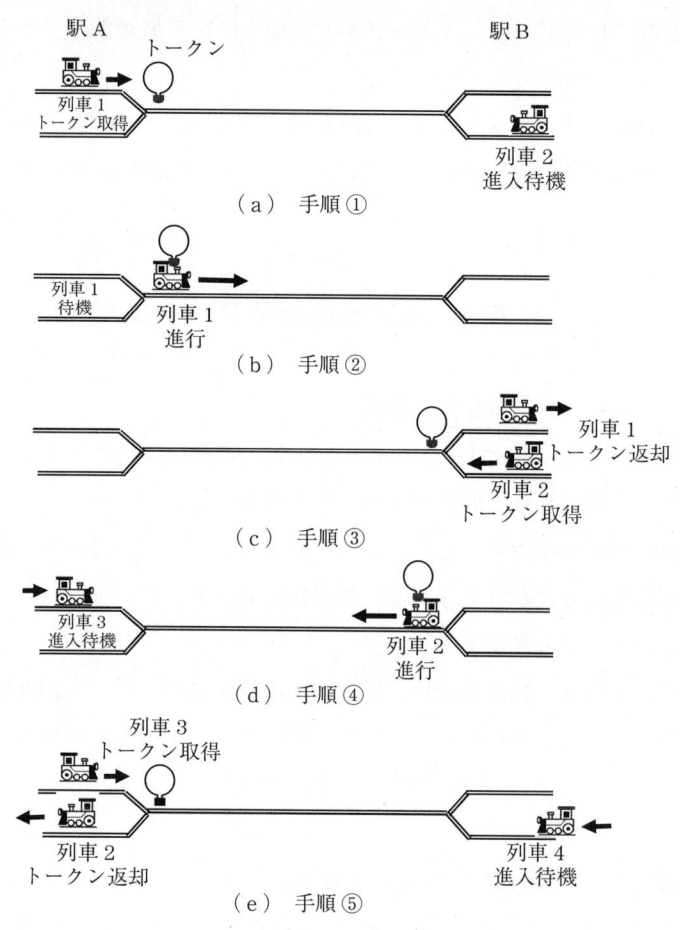

図6.7 トークン交換による運転許可の仕組み

は必ず存在し，かつ，同時には一つしか存在しないことが安全運行上必須である。

この「トークン」と呼れるパケットがネットワーク上を巡回し，トークンパケットを受け取ったノード，すなわち，「送信権」を持つノードのみがその時点でパケット送信を許される方式がトークンパッシング方式である。リングネットワークにトークンパッシング方式を適用する場合をトークンリング，バスネットワークに適用する場合にトークンバスと呼ぶ。

6.4 送信権巡回型プロトコル

リング型ネットワークは一定方向にデータが巡回転送される。各ノードは上流のノードからデータを受け取り，下流のノードにデータを送り出す。すべてのノードが通信を行っていないときは，トークンパケットはリングの中を巡回している。すなわち，各ノードは，トークンパケットを受け取ると，送信データがなければ，直ちにそれを隣のノードへ渡す。つまり，再生中継する。

トークンリング方式の手順を図 6.8 に示す。手順はつぎのとおりである。

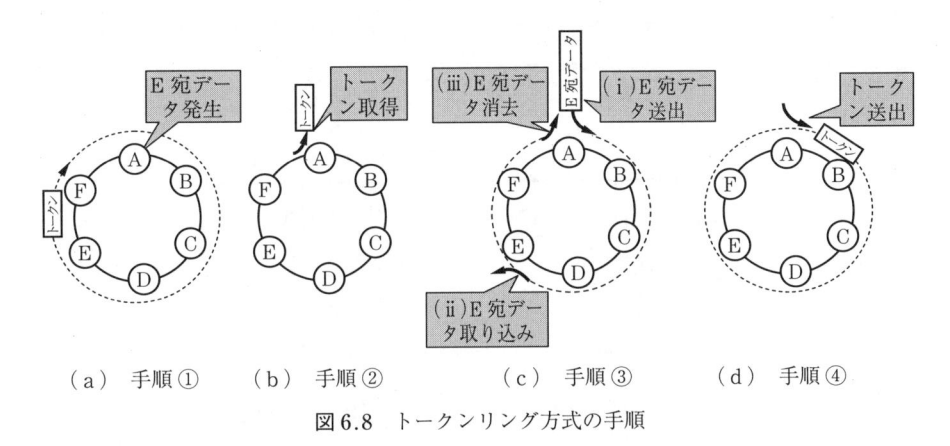

(a) 手順①　　(b) 手順②　　(c) 手順③　　(d) 手順④

図 6.8　トークンリング方式の手順

手順①：あるノード（ここではノード A）が相手ノード（ここではノード E）にデータを転送したい場合には，トークンパケットがノード A に到着するのを待つ。

トークン

トークンは鉄道の単線区間の運行許可証を意味し，タブレット（通行票，通票）とも呼ばれている。

列車の単線区間の通過駅での通票受け渡しは，運行管理のために広く行われていた。通票受け渡しは列車を停車させて行うのが原則であったが，急行や特急が走行しながら受け渡す通過授受も行われていた。

日本の JR では，1997 年因美線智頭-東津山の急行「砂丘」を最後に廃止された。現在でも，英国，オーストラリアなどの地方路線で行われている。

JR を含むローカル鉄道の使用状況についてはつぎのホームページが詳しい。
http://kimiji.hp.infoseek.co.jp/web/sonogo.htm

6. マルチアクセス制御

手順②：トークンが到着するとノードAはトークンパケットを取り込む。

手順③：転送したいデータをリング上に送出し。ノードEが受信する。データが消去されない場合には，ノードAで巡回してきたデータを消去する。

手順④：データの転送が完了すると保持していたトークンパケットをつぎのノードに送出する。

トークンバス方式では，ノードをバス上に接続しトークンパケットを巡回させる。トークンバス方式の手順を図6.9に示す。

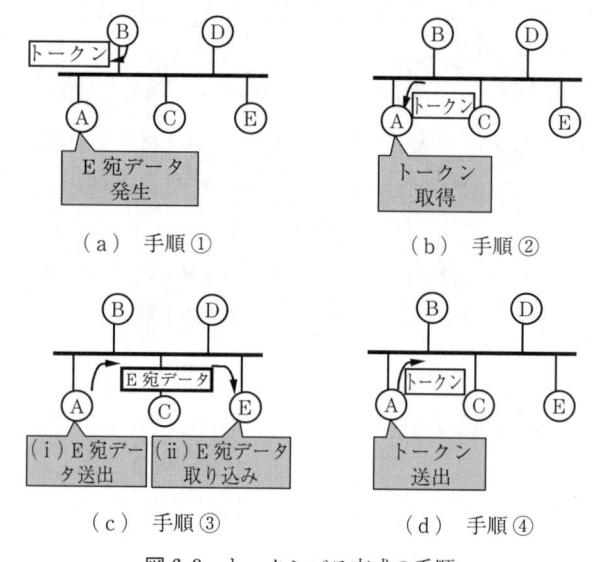

図6.9　トークンバス方式の手順

トークンバス方式は，物理トポロジーはバス型であるが，トークンパケットの受け渡しはノードを巡回する。すなわち，論理トポロジーはリング型である。図6.10にトークンバス上のトークンパケットの物理的な流れと論理的な流れを示す。

トークンパケットを持っているノードは，返答要求データを送ることによって，トークンパケットを後続ノードへ引き渡すこともできる。

各ノードは，トークンパケットを送信した後に，後続ノードがそれを受け取

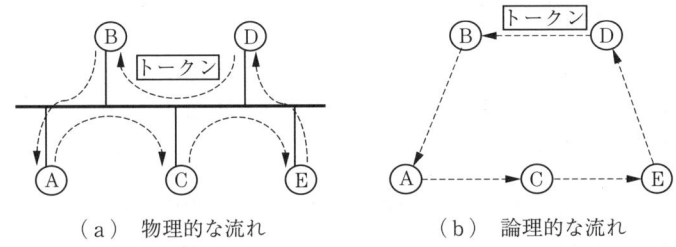

図6.10 トークンバス上のトークンパケットの
物理的な流れと論理的な流れ

り作動を始めたことを確かめることが可能である．例えば，有効なパケットを検出し，送出したトークンパケットに対して適切なものと判定すると，送信ノードは後続ノードがトークンパケットを受け取って送信を行っているものとみなす．あるいは，有効なパケットを一定時間以上検出できなかった場合には，送信ノードは新しい後続ノードを決めることによって，障害を迂回する手段とすることも可能である．

トークンパッシング方式はマスターノードを必要としない高効率の分散制御であるが，トークンパケットが重複して存在するか，あるいは，トークンパケットが紛失すると機能しなくなるため，トークンパケットの信頼性を確保する必要がある．

〔2〕 ポーリング

ポーリング方式では，ノードの一つをマスターノードとする必要がある．マスターノードは，他のノード（スレーブノード）に均等にポーリングを行う．ポーリングとは，パケット送信要求の有無を問い合わせることである．

マスターノードは，あるノードが送信要求を持つことを検知すると，一定数のパケットの送信許可を与える．このパケット送信が終了すると，マスターノードはつぎのスレーブノードにポーリングを行う．

マスターノードは，常時伝送メディア上のパケット信号を監視し，パケット送信と終了を検知する．

ポーリング方式は，実際には，ポーリングに時間がかかるため効率が制限される．さらに，送信要求のないノードにもポーリングするため，スレーブノー

ドの送信要求に極端なアンバランスがあると，全体の効率が低下する．

6.5 チャネル割り当て型プロトコル

衝突を回避する最も単純な方法は，各ノードに専用のチャネルを割り当てる方法である．事前に割り当てる方式（プリアサイン方式）と通信要求が発生するたびに動的に割り当てる方式（オンデマンド方式）がある．

プリアサイン方式は，制御が簡単であるが割り当て帯域は固定であり，ノード数が多い場合には，ノードあたりの帯域は小さくなるため，ノード数に制約がある．

オンデマンド方式は制御が複雑であるが，帯域の有効利用の点からはプリアサイン方式よりも優れる．

チャネル割り当て型プロトコルには，異なる周波数をノードに割り当てる周波数分割マルチアクセス（FDMA: frequency division multiple access），異なる時間スロットをノードに割り当てる時分割マルチアクセス（TDMA: time division multiple access）と，拡散信号をノードに割り当てる符号分割マルチアクセス（CDMA: code division multiple access）がある．

FDMAとTDMAは，当然のことながら，同じ周波数，あるいは，同じ時間スロットを複数のチャネルで共有することはできない．すなわち，複数のノードで共有することはできない．

符号分割マルチアクセスでは，これらと異なり，異なる拡散信号をノードに割り当て，各ノードはそれぞれ割り当てられた拡散信号により送信データを拡散し，送信する．各ノードは同じ周波数，同じ時間を共有することができる．受信信号は，送信信号と同じ拡散信号を用いて逆拡散することにより，元の送信データを復元できる．

動的チャネル割り当て型プロトコルは，ランダムアクセス型プロトコルや送信権巡回型プロトコルに比較して，制御が複雑なためLANや小規模のネットワークよりは，携帯電話などの公衆ネットワークで使用されている．

7章 ネットワーク層プロトコル

7.1 電話ネットワーク

　ネットワーク層プロトコルの機能は，発信端末から受信端末までのエンド-エンド間の情報伝達を正確に行うことである．

　電話ネットワークでは，回線設定がなされた後は，設定された回線（コネクション）を用いて情報転送がなされるため，パケットネットワークとは異なり，情報転送フェーズにおいては，ネットワーク層プロトコルに対応する機能を必要としない．すなわち，回線設定後のネットワークプロトコルは，物理的なコネクションによって実現されている．

　ISDN ネットワークシグナリング用に開発された共通線信号方式 No.7 (CCS No.7 : Common Channel Signaling No.7) においては，シグナリング信号転送は信号転送用のパケット転送ネットワークである共通線信号網によってなされる．交換ポイント（交換機）への回線設定制御情報を転送するための信号転送部のネットワーク層プロトコルは，信号接続制御部（SCCP : signaling connection control part, ITU-T 勧告 Q.771-774）が使用されている．

　電話交換機の通信開始と通信終了フェーズの基本機能は，以下のとおりである．

① 発信端末の通信要求検知（発信端末は電話番号によって認証済み）
② 通信相手端末識別情報（着信端末電話番号）を発信端末より取得
③ 着信端末までの経路空き状態検出（経路制御ルールに従う）

④ 着信端末呼出

⑤ 着信端末応答検出

⑥ 発信端末と着信端末間を接続（回線設定）

⑦ 通信終了要求検出

⑧ 接続解放（回線解放）

電話ネットワークの端末は，電話番号によって一意的に識別される．これが可能なのは，電話の加入者線と電話端末が1対1で対応が取れているためである．すなわち，電話番号は端末に付与されているのではなく，厳密には，加入者線のローゼットに付与されている．ローゼットとは，電話局からの加入者線（屋外線）をユーザ宅内の屋内線に接続する端子盤である．ローゼットは，通常は，加入者宅の外壁に設置されている．そのローゼットに接続された電話機に電話番号が付与される．

番号情報を用いて回線設定されたのちの情報転送フェーズでは，発信端末と着信端末は回線によって接続されている．設定された回線上をユーザ音声信号が転送されるため，番号情報を，情報転送フェーズでは，転送する必要はない．

7.2 インターネット

〔1〕 インターネットプロトコルバージョン4（IPv4）

インターネットでは通信に先立って回線（コネクション）を設定しないため，ストリーム（電話ネットワークにおける「呼」に相当）における個々のパケット，あるいは，データグラムの転送ごとにネットワーク層の機能が必要である．

現在，広く用いられているインターネットのネットワーク層プロトコルIPv4の基本機能はつぎのとおりである[1]．

① **端末・ホストの識別（IPアドレス）**　　インターネットではデータグラムによる転送が基本であるため，発信端末（あるいはホスト，以下端末とする）から着信端末まで，すべてのパケットを正確に転送するための，発信端末

と着信端末の識別情報が経路制御に必要である。この識別情報を，発信元・宛先端末のネットワーク上の住所（アドレス）という意味でIPアドレスという。

電話ネットワークでは，ユーザ端末の識別情報（ネットワーク上の住所）は電話番号である。

IPv4（インターネットプロトコルバージョン4）では，IPアドレス長は32ビットである。

② **経路制御**　インターネットは，多くのネットワーク（AS：autonomous system，自律システム）の集合体である。個別のネットワーク（AS）同士は，ルータ（エッジルータ）によって相互に接続されている。個別のネットワーク内は，コアルータによって構成されている。いずれのルータも，発信元ホストが要求する宛先ホストに，正確に情報が転送されるように経路を選択する。

経路選択は経路制御表（ルーチングテーブル）に従って行う。経路制御表は定期的に書き換えられ，ルート故障などのネットワークの状況の変化を反映させる。

電話ネットワークでは，回線設定のために経路制御が行われる。この経路制御は，あらかじめ定められたルールに従って実行される。ルート故障などが発生した場合には，プロテクションスイッチによって，あらかじめ定められた予備ルートに切り替えられる。切り替えによって，通話中の呼は切断される。

③ **IPパケットの中継**　インターネットでは，ルータは受信パケットが自ルータに接続されている端末宛の場合にはパケットを取り出し，他のルータに接続されている端末宛の場合には中継して目的ルータ宛の方路へ送出する。

④ **データ分割と再合成**　伝送リンクごとに伝送可能なパケットの最大長，すなわち，最大転送単位（MTU：maximum transfer unit）が定められている。最大転送単位を**表**7.1に示す。

最大転送単位を超える情報の場合には，許容される最大パケット長に収まるように，もとの情報を分割して複数のパケットに収容する（パケット分割，packet fragmentation）。その際に，分割された複数パケットから，もとのデー

7. ネットワーク層プロトコル

表7.1 最大転送単位（MTU）

データリンク	MTU	全パケット長
IPのMTU	65 535	—
IP over ATM	9 180	—
FDDI	4 352	4 500
Ethernet	1 500	1 514
IEEE 802.3 Ethernet	1 492	1 514
IP最小TU	64	—

単位：オクテット

タを再合成（パケット再組み立て，packet defragmentation）するための順序情報も付加される。

⑤ **ヘッダの誤り検出と通知（ヘッダチェックサム）**　ヘッダ情報の誤りは，経路制御に重大な支障をきたす。そのため，ヘッダの誤り検出機能を備えている。IPは検出のみ行う。誤り検出後の処理はICMPが扱う。

IP（第3層）は，さまざまな第2層以下のプロトコル上で機能することを狙ったものである。すなわち，IPは，あらゆる伝送リンクの利用を意図している。しかし，光ファイバ，同軸ケーブル，LANケーブル，無線LAN，通信衛星などは伝播遅延や伝送誤り発生パターンなどが異なる。このように，さまざまな伝送特性を持つものとのすべての組合せに対しては，均一の性能を発揮できない場合がある。

```
←─────────── ビット番号 ───────────→
0(ビット)      8        16        24        31
┌─────┬─────┬─────────────┬─────────────────────┐
│バージョン│ヘッダ長│サービスタイプTOS│ パケット長(オクテット単位)(16ビット) │
│(4ビット)│(4ビット)│  (8ビット)  │                     │
├─────┴─────┴──────┬──┴─────────────────────┤
│   識別子（16ビット）   │フラグ│ フラグメントオフセット(13ビット) │
│              │(3ビット)│                │
├──────┬──────────┼─────────────────────┤
│生存時間(TTL)│プロトコル(8ビット)│ ヘッダチェックサム(16ビット) │
│ (8ビット) │        │                │
├──────┴──────────┴─────────────────────┤
│          発信元IPアドレス(32ビット)          │
├─────────────────────────────────────┤
│          宛先IPアドレス(32ビット)           │
├─────────────────────┬───────────────┤
│     オプション（不定長）       │   パディング    │
│                     │(32-オプションビット)│
├─────────────────────┴───────────────┤
│              データ（可変長）               │
└─────────────────────────────────────┘
←────────── 32ビット ──────────→
```

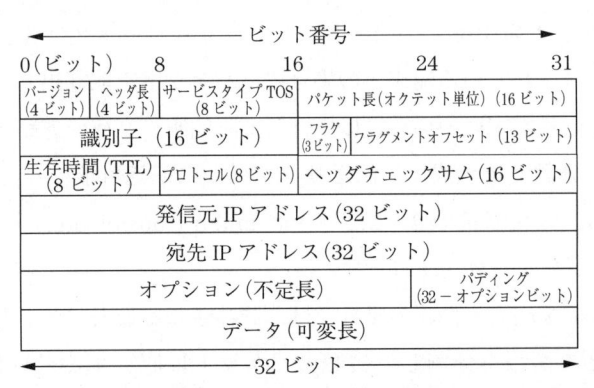

図7.1　IPv4のパケット構造

IPv4 のパケット構造を図 7.1 に示す。

ヘッダの各フィールドの主要機能はつぎのとおりである。

① **バージョン番号**　IP のバージョンを表す。このバージョンを参照することにより，ヘッダの各フィールドの内容に基づき，ルータは必要な処理を行う。従来はバージョン 4（IPv4）が広く使用されていたが，現在はバージョン 6（IPv6）の実装も行われている。

② **ヘッダ長**　IPv4 パケットのヘッダには，不定長のオプションフィールドが定義されている。データの開始位置，すなわち，ヘッダの最終ビット位置を明示するためにヘッダ長情報が必要である。オプションを持たない IPv4 パケットヘッダ長は 20 オクテットである。

③ **サービスタイプ（TOS：type of service）**　ルータにおけるパケット転送の優先度制御に使用する。TOS 値の大きいパケットの優先度が高いとみなす。先頭 3 ビットで「0〜7」が使用されている例がある。遅延やパケット損失などの要求条件の厳しいアプリケーションパケットに高優先度を付与する。

④ **パケット長**　ヘッダとデータをあわせた全体のパケット長である。ヘッダ長，データ長とも可変長であるので，パケットの最後のビット位置を明示する必要がある。オクテット単位で表示する。

⑤ **識別子，フラグ，フラグメントオフセット**　トランスポート層セグメントを複数の IP パケットに分割（フラグメント）する場合の分割情報である。分割，再組み立てに使用する。IPv4 では，ルータでこの機能を使用できるが，IPv6 では，ルータにフラグメント機能の使用を許していない。

識別子は，パケットがフラグメントされたものかどうかを識別する。フラグビットは，分割されたパケットの最後のパケットのみ 0，その他のすべてのパケットでは 1 である。これを識別することにより，フラグメントの最終パケットを識別する。オフセットは，分割されたパケットのもともとの順序を示すための情報である。これらの情報を使用して，複数のフラグメントされたパケットから，もとのトランスポートセグメントを復元する。

⑥ **生存時間（TTL：time to live）**　パケットが永遠にネットワーク内で

巡回転送されないための規定である。ルータを通過するごとに1だけ減少させる。TTL＝0になると，そのパケットは廃棄される。インターネットは自律分散型のネットワークであるため，何らかの不都合でループ経路が形成され，パケットが永遠に巡回することがないように導入された。

⑦ **プロトコル**　宛先端末において，データを渡す適切なトランスポート層プロトコルを示す。「6」はTCPを，「17」はUDPを示す。

⑧ **ヘッダチェックサム**　ヘッダ情報がパケット転送に必要なすべての情報をもつため，ヘッダに誤りが発生するとパケット転送は正確に行われない。そのため，ヘッダの誤り検出を行う。

チェックサムによる誤り検出の仕組みを図7.2に示す。誤り検知の対象データを16ビットごとに区切りその16ビットを2値表現の整数とみなす。図では，32ビットデータ A を16ビットの二つの整数 $A1, A2$ とみなす。$A1$ と $A2$ の2値の算術和 B をとり，その補数 C をチェックサムとする。受信したヘッダのデータの16ビットごとの2値和 B' をとり，受信したチェックサム C との和 D をとる。誤りがなければ，結果は「D＝1111 1111 1111 1111」になる。いずれかのビットが0になった場合には，伝送誤りが存在することになる。

A　誤り検知対象データ	0111　0111　0111　0111　0100　1110　0110　1110
$A1$　最初の16ビット	0111　0111　0111　0111
$A2$　つぎの16ビット ＋	0100　1110　0110　1110
$B = A1 + A2$	1100　0101　1110　0101
C　チェックサム	0011　1010　0001　1010
D＝伝送データ $B' + C$	1111　1111　1111　1111

図7.2　チェックサムによる誤り検出の仕組み

⑨ **発信元IPアドレス，宛先IPアドレス**　端末を識別するためのアドレスであり，IPv4では，IPアドレス長は32ビットである。

⑩ **オプション**　上の機能以外の機能が必要な場合に，機能拡張のために設けられている。機能の拡張性には優れるが，このフィールドが存在するた

め，ヘッダ長が特定できない。そのため，ヘッダが固定長の場合よりもルータにおける処理が複雑になる。

⑪ **データ（ペイロード）** 端末間で転送が行われるユーザ情報そのものである。このデータを正確に転送することが，インターネットの最重要な担務である。データ量はユーザによってもアプリケーションによっても異なるため，データ長は可変である。MTU（最大転送単位，表7.1参照）を超えるデータ長の場合には，複数のIPパケットに分割して転送する必要があることはいうまでもない。

〔2〕 **インターネットプロトコルバージョン6（IPv6）**

IPv4の後継のプロトコルがIPv6である。IPv4のアドレス空間のアドレス容量が約43億である。インターネットの急速な普及によって，2010年前後にはアドレスが不足する可能性のあることが懸念された。

後継プロトコルの最大の課題は，アドレス空間の拡張である。さらに，IPv4の経験を後継プロトコルに活かす研究がなされた。次世代インターネットプロトコル，IPng（IP next generation）である。最終的にIPv6としてまとめられた[2]。IPv6のパケットヘッダを図7.3に示す。

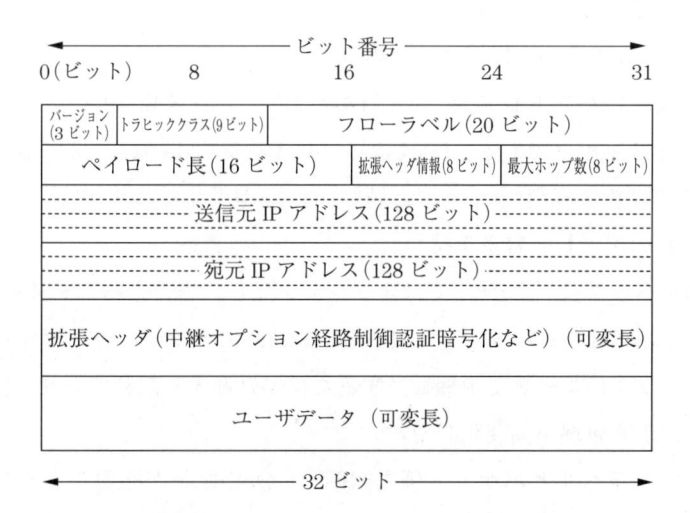

図7.3 IPv6のパケットヘッダ

ヘッダの各フィールドのおもな機能は以下のとおりである。

① **バージョン**　IP のバージョンを示す。IPv6 では 6 である。
② **トラヒッククラス**　IPv4 のサービスタイプ（TOS）に相当する。
③ **フローラベル**　パケットのフローを識別する。
④ **ペイロード長**　ヘッダのつぎにくるデータ長を示す。
⑤ **ネクストヘッダ**　TCP や UDP などつぎにデータを渡す上位プロトコルを識別・指定する。
⑥ **ホップ制限**　IPv4 の生存時間（TTL）に相当する。
⑦ **発信元 IP アドレス，宛先 IP アドレス**　128 ビットの端末識別アドレスである。
⑧ **データ**　IPv6 パケットのペイロードである。

IPv6 への変更の目的は，より多くの端末を識別可能とすることであり，今後，ますます増大するブロードバンド情報やストリーミング型情報転送への要求に対応するために，転送処理を高速化することである。そのために，IP アドレス長を 32 ビットから 128 ビットとし，機能を可能な限り簡略化した。また，セキュリティ向上のための機能を提供可能とし（IPsec），プラグアンドプレイによる IP アドレス割り当てを可能とした。

IPv4 と IPv6 の違いを以下にまとめる。

① **拡張されたアドレス長**　IPv4 の IP アドレス長 32 ビットに対して IPv6 では 128 ビットである。IPv4 のアドレス容量約 43 億（4.3×10^9）に対して，IPv6 では約 340 澗（「かん」と読む，3.4×10^{32} すなわち 43 億×43 億×43 億×43 億）のアドレス容量を持つ。

② **固定ヘッダ長**　IPv4 ではオプションなしの場合のヘッダ長を 20 オクテットとする可変長ヘッダに対して，IPv6 では 40 オクテットの固定ヘッダ長である。ヘッダはルータで中継転送するたびに処理する部分であり，固定長とすることにより処理を簡便化した。

③ **フローラベルとパケット優先制御**　QoS 保証が必要なトラヒックに対して，ネットワーク内で優先的な取り扱いを要求するフローの属性を，送信

端末において付与可能である。

④ **フラグメンテーション機能の削除**　ルータにおけるフラグメンテーションは行わない。パケット長が転送中に MTU を超えた場合には，そのパケットは廃棄される。

⑤ **チェックサムの削除**　TCP および UDP は，チェックサム機能を持つ。そのため，IP でこの機能を重複して持つ必要がないこととした。

⑥ **オプションフィールの削除**　ネクストヘッダでオプションを指定することは可能であるが，ヘッダ機能には含まれない。

IP バージョン

現在，最も広く使用されているインターネットプロトコルは IPv4 (RFC794) である。現在，導入が進められているのは IPv6 である。

IPv0〜IPv3 は，1977 年から 1979 年にかけて試用された，いわば，IPv4 のベータバージョンであり，実用プロトコルの IPv4 として結実した。

一方，1970 年代後半には，音声や動画のストリーミング型転送用に，インターネットストリームプロトコル (IST) が開発された (RFC1190 (Experimental) ST2, RFC1189 (Experimental) ST2+)。これらには，IPv5 が割り当てられた。これらのプロトコルは，ストリーミング型情報転送用に帯域確保を行うものである。

IPv4 の IP アドレス (32 ビット) の容量は約 40 億である。1990 年代のインターネットの急激な普及状況からアドレスの枯渇が懸念された。

IPv6 では，十分なアドレス容量を確保するため 128 ビット (IP アドレス容量は約 3.4×10^{38}) が採用された。IPv5 がすでに ST プロトコルに割りあてられていたため，IPv4 に代わる次世代のインターネットプロトコルとして，IPv6 が割り当てられた。ちなみに，その後 ST と同様に QoS 保証を意図したプロトコル RSVP が開発されたため ST (IPv5) は削除された。

次世代インターネットプロトコル (IPng) として SIPP (RFC1710, Simple Internet Protocol Plus)，TP/IX (RFC1475, TP/IX : The Next Internet)，PIP (RFC1621, The P Internet Protocol)，TUBA (RFC1347, TCP and UDP with Big Address) などが提案され，研究された。最終的には，SIPP が採用され IPv6 となった。

7.3 アドレス，端末の識別情報

ネットワークを経由して正しい宛先に情報を届けるためには，アドレス情報が使用される．インターネットではIPアドレス，電話ネットワークでは電話番号である．

〔1〕 IPアドレス

IPアドレスは文字通り郵便などを届けるための「住所（address）」に相当するが，郵便に使用される住所とは異なり，国・都道府県・市町村などの地理的条件とは独立の識別情報である．IPアドレスとしてはIPv4とIPv6が使用されている．

IPv4アドレスは従来から使用されていたもので，アドレス長は32ビットである．IPv4のアドレスでは容量が不十分であるため，IPv6がその後規定された．IPv6アドレスのアドレス長は128ビットである．

IPアドレスは，端末のソフトウェアによって設定される．ネットワーク設定などを行う場合以外は，通常は，ユーザの目に触れない．通常は，人にとってなじみやすいホスト名を使用する．この名称はドメインネームと呼ばれ，階層構造を持つ．

トップレベルドメインには，一般トップドメインと国別トップドメインがある．

一般トップレベルドメインは，組織種別をベースにし，「com」（商業組織），「edu」，（教育機関など），「net」（ネットワーク），「org」（非営利組織），「gov」（米国政府機関など）「int」（国際機関など）などがこれに当たる．具体例として，ntt.com（NTT），kddi.com（KDDI），state.gov（米国国務省）などがある．

国別トップレベルドメインは，国コードを示す2文字コードが使用される．「jp」（日本）「us」（米国）「kr」（韓国）「cn」（中国）などがその例である．国別トップレベルドメインの下の第2レベルドメインには組織種別をベースとし

た「co」（企業），「ac」（大学など），「ne」（ネットワーク），「or」（非営利組織），「go」（政府機関など）と，「tokyo」などの都道府県や市町村名などを用いた地域型ドメイン名がある。具体例として，「kogakuin.ac.jp」（工学院大学）「waseda.ac.jp」（早稲田大学），「soumu.go.jp」（総務省），「metro.tokyo.jp」（東

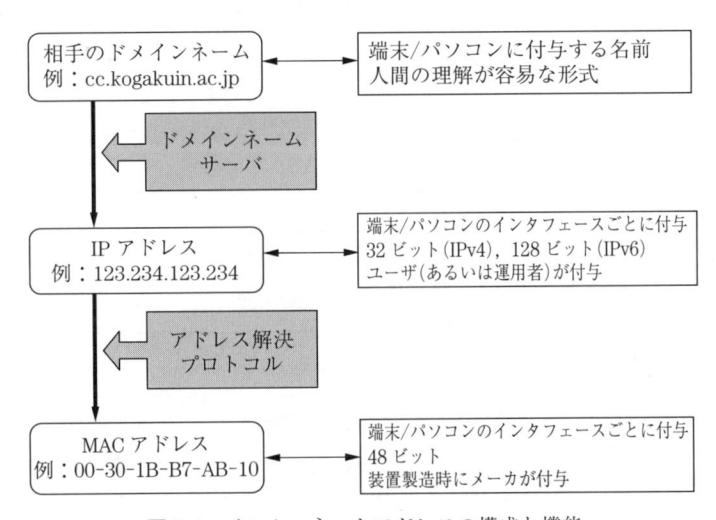

図7.4 インターネットアドレスの構成と機能

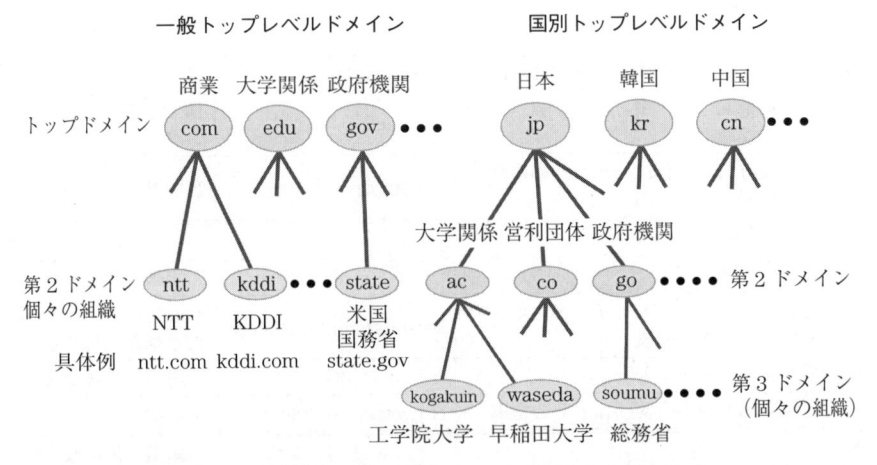

図7.5 DNSとドメイン階層

7. ネットワーク層プロトコル

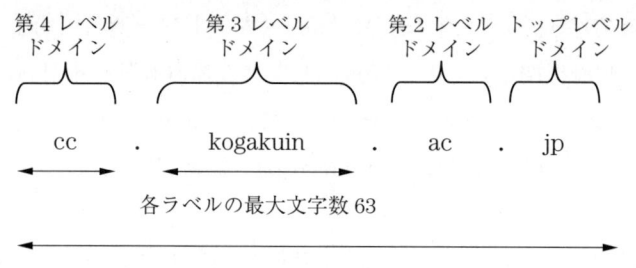

```
   第4レベル      第3レベル     第2レベル   トップレベル
   ドメイン       ドメイン      ドメイン    ドメイン
   ⌢⌣          ⌢⌣         ⌢⌣       ⌢⌣
     cc     .    kogakuin    .    ac    .   jp
     ←―――――――――――→
        各ラベルの最大文字数 63
     ←――――――――――――――――――――――→
      ドメイン名全体の最大文字数 255(ドットを含む)
```

図 7.6 ドメイン名の構成

表 7.2 トップドメインとして「jp」を持つドメイン名と具体例

属性型(組織種別型)JP ドメイン名		例	組織・団体など
ac.jp	大学,大学共同利用機関,職業訓練校など	kogakuin.ac.jp	工学院大学
co.jp	株式会社などの会社,信用金庫(日本で登記)	ntt.co.jp	NTT
go.jp	政府機関,各省庁所轄研究所など	soumu.go.jp	総務省
or.jp	財団・社団法人などの法人,国際機関,外国在日公館など	ttc.or.jp	情報通信技術委員会
ad.jp	ネットワーク管理組織など	iij.ad.jp	日本インターネットイニシアチブ
ne.jp	営利/非営利ネットワークサービス業者	ocn.ne.jp	OCN
gr.jp	複数の日本在日個人/法人の任意団体	mozilla.gr.jp	Mozilla コミュニティ
ed.jp	幼稚園,小・中・高等学校,各種学校など	yknet.ed.jp	横須賀市教育情報センター
lg.jp	地方公共団体,一部行政事務組合など	hayama.lg.jp	葉山町
地域型 JP ドメイン名			
一般地域型ドメイン名		例	組織・団体など
地域名.jp	属性型ドメイン名を取得できる組織	kaisha.shinjuku.tokyo.jp	kaisha という名の東京都新宿区の会社
地方公共団体ドメイン名		例	組織・団体など
公共団体名.jp	地方公共団体とその機関	city.yokosuka.kanagawa.jp	横須賀市
汎用 jp ドメイン名		例	組織・団体など
任意の名.jp	日本国内に,住所を持つ個人,組織	example.jp, 日本語.jp	example という名の個人または組織

7.3 アドレス，端末の識別情報

京都）などがある。

一般トップレベルドメインでは第2レベルドメイン以下，国別トップレベルドメインでは第3レベルドメイン以下は，個々の組織がネームを設定できる。

このホストコンピュータのドメインネームは，DNS（domain name system）サーバによってIPアドレスに変換され（アドレス解決）て，経路制御に使用される。インターネットアドレスの構成と機能を図7.4に示す。

DNSとドメイン階層を図7.5に示す。また，ドメイン名の構成を図7.6に示す。

トップドメインとして「jp」を持つドメイン名と具体例を表7.2に示す。

IPv4のアドレスは，可変長のネットワークアドレスを指定することにより，ネットワーク規模に応じてクラスを設定している。最も大規模なクラスをAとし，最も小規模なネットワークをCとしている。クラスAでは，ホストコンピュータ数を最大16 777 214台までアドレスを割り当てることが可能である。世界中で最大126のネットワークをクラスAに割り当てることができる。一方，クラスCでは254台のホストコンピュータアドレスを割り当て可能である。世界中で最大2 097 150のネットワークをクラスCに割り当て可能である。IPアドレスとクラスを図7.7に示す。

IPv4とIPv6をまとめて表7.3に示す。

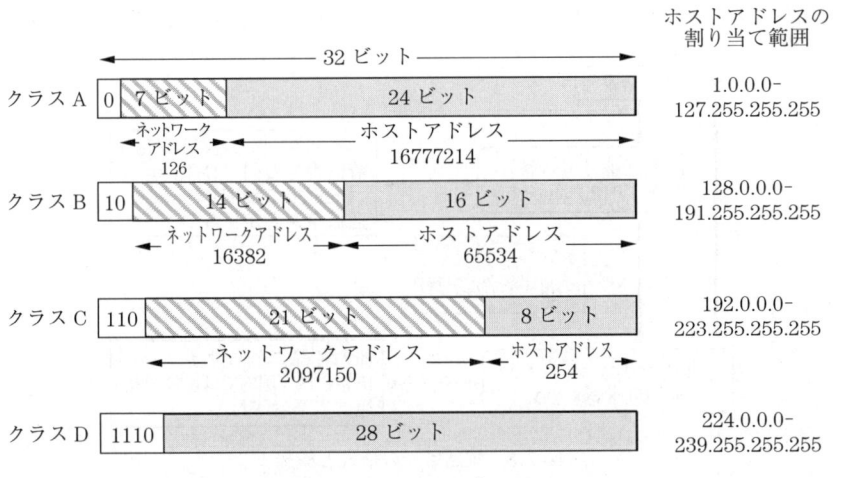

クラス	構成	ホストアドレスの割り当て範囲
クラスA	0 / 7ビット（ネットワークアドレス 126） / 24ビット（ホストアドレス 16777214）	1.0.0.0-127.255.255.255
クラスB	10 / 14ビット（ネットワークアドレス 16382） / 16ビット（ホストアドレス 65534）	128.0.0.0-191.255.255.255
クラスC	110 / 21ビット（ネットワークアドレス 2097150） / 8ビット（ホストアドレス 254）	192.0.0.0-223.255.255.255
クラスD	1110 / 28ビット	224.0.0.0-239.255.255.255

図7.7　IPアドレスとクラス

7. ネットワーク層プロトコル

表 7.3 IPv4 と IPv6

	IPv4	IPv6
アドレス空間	32 ビット（4.29×10^9）	128 ビット（3.40×10^{38}）
表現形式	10 進法	16 進法
表記方法	ネットワーク部＋ホスト部	ネットワーク部＋ホスト部
アドレス体系	ネットワーク部：規模により割り当て桁数可変（8，16，24 ビット）	ネットワーク部＝固定長（広域ネットワーク部 48 ビット＋サイト内部 16 ビット）
パケットヘッダ長	可変	固定
処理の軽重	重い	軽い
セキュリティ	組込みなし	組込み可能
拡張性	IP パケットヘッダのオプション部で指定	拡張ヘッダによりペイロード部で指定

〔2〕電話番号

　発信端末と着信端末の端末識別に用いられている点では，電話番号も IP アドレスと同様の働きをしている。電話番号は，加入者線と端末との物理的インタフェースに付与されるため，IP アドレスとは異なり，国番号，市外番号，市内番号などは，地理的条件に沿った番号体系が定められている。電話番号の構成と機能を**図 7.8** に示す。

　国際番号計画を**図 7.9** に示す[3]。国際番号計画は，国番号，国内業者番号，

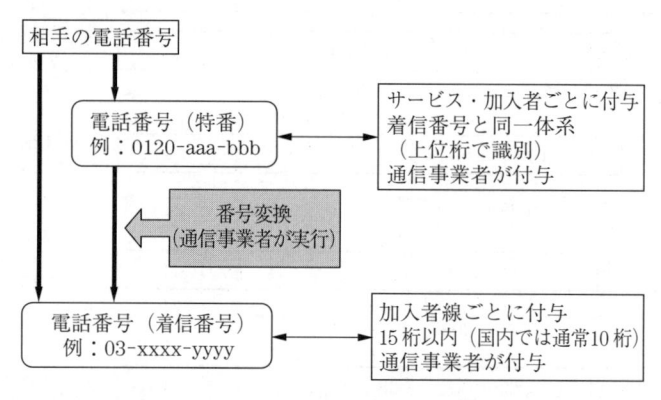

図 7.8 電話番号の構成と機能

7.3 アドレス，端末の識別情報

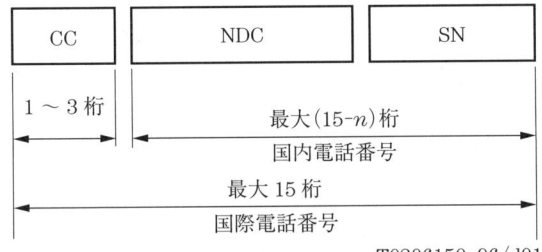

```
|← 1～3桁 →|← 最大(15-n)桁 →|
|   CC    |      NDC       |    SN    |
                    国内電話番号
|←              最大15桁              →|
                    国際電話番号
```

T0206150-96/d01

CC：国番号　　NDC：国内事業者番号(オプション)
SN：加入者番号　　n：国番号の桁数

図7.9　国際番号計画（出典：Figure 1/Rec.E.164）

加入者番号から構成され，最大桁数は国番号を含めて15桁である。加入者番号は，市外番号，市内番号，個々の加入者に個別に付与される番号からなる。

実際に，国際電話番号をダイヤルする場合には，国際番号の前に，国ごと，国際キャリアごとに定める国際電話アクセス番号をダイヤルし，その後，国番号以下をダイヤルする。市外番号で「0AB～J」とプレフィックス「0」を使用しているため，国際電話アクセス番号は，「00AB」のように「00」をプレフィクスとする番号を採用することが多い。

国番号は，国際電気通信連合（ITU-T）によって管理されている。国あるいは地域に対して，一つの国番号が定められている。例えば，日本の国番号は「81」，米国の国番号は「1」，英国は「44」，ブラジル「55」などである。1国あるいは1地域に対して1番号の付与が原則である。例外として，米国とカナダは，当初ベルシステムにより電話サービスを提供していたため，同一国番号「1」を使用して現在に至っている。

国内事業者番号は，国内通信事業者が複数ある国において，事業者を指定して通話する場合に使用することができる。

加入者番号は，市外局番，市内局番，加入者番号から構成される。市外局番は，行政区画を基本として番号が割り振られている。東京「03」，大阪「06」，京都「075」，名古屋「052」，などである。

日本の全国番号計画を図7.10に示す[4]。

134   7. ネットワーク層プロトコル

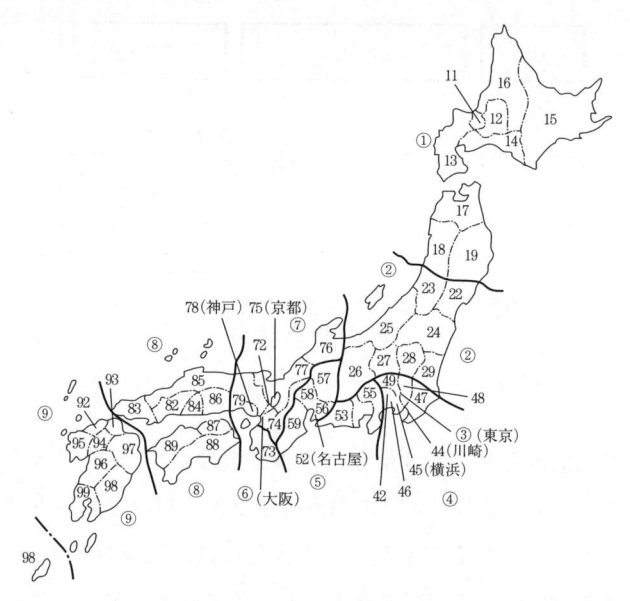

図 7.10 日本の全国番号計画

　日本の番号計画では，最大13桁まで電話加入者番号に割り当てることができる。すなわち，理論的には1兆加入者が最大収容数であるが，実際には，市外局番と市内局番に固定的に割り振られる番号による制約と，緊急通報などの特別用途の番号を除くと，実際の収容可能加入者数はこれよりも少ない。東京，大阪などでは市内局番4桁＋加入者番号4桁であり，数千万加入の収容が可能である。また，加入者数の分布は時の経過とともに変化する。番号を割り振った時点より人口が大幅に増大した地域では収容可能数が足りなくなり，市外局番の桁数を増やすなどの措置が取られる。

　この番号計画に含まれないものとして，国際電話アクセス番号，緊急通報番号，フリーダイヤルサービスなどの付加サービスアクセス番号，携帯電話番号，IP 電話番号などがある。

7.4 静的経路制御と動的経路制御

　ネットワーク層の主要な機能は，ネットワークに接続されている発信端末から通信したい宛先端末まで，情報を伝達することである。そのための経路を選択することをルーチング，あるいは経路制御と呼ぶ。

　経路制御には，静的経路制御と動的経路制御がある。静的経路制御ではトラヒックの状況やネットワークの状況に従って，あらかじめ決められた経路選択ルールあるいは経路制御表（ルーチングテーブル）に従って，通信情報は転送される。動的経路制御では，トラヒックの状況やネットワークの状況の時間的な変化に適応して，経路制御ルールあるいは経路制御表を動的に変更する。

　静的経路制御は，あらかじめ決められたルールに従って経路選択を行うために，経路制御表の作成はオフラインで手動で設定する。

　動的経路制御は，トラヒックの状況やネットワークの状況をリアルタイムで把握し，その結果に応じて，定期的に経路制御表を更新する。そのためには，インターネットの場合には，ルータ自身が経路制御に関する情報を相互に交換して，状態に適した経路制御表を作成する必要がある。経路制御表の更新間隔が短いと，経路制御表更新のためのデータのやりとりがネットワークトラヒックを増大させる。更新間隔が長いと，経路制御表はトラヒックやネットワークの状態の変化に追随できない。この両面からみて，バランスの取れた適切な更新間隔の設定が必要である。

　ネットワークそのものは，ユーザ数や通信需要の増大に応じて，絶え間なく増設を繰り返す。そのたびに経路制御表を書き換える必要が生じる。静的経路制御では，手動でそのたびに設定し直す必要があるため，大規模なネットワークでは手間が煩雑になる。

　動的経路制御によれば，ルータ同士で新規ルータを発見し，経路制御プロトコルに従って経路制御表を更新することが可能なため，増設への対応は容易であるが，同一の経路制御プロトコルをすべてのルータが処理可能でなければな

らない。

7.5 電話ネットワークの経路制御

　回線交換ネットワークである電話ネットワークでは，通常は静的経路制御が用いられる。経路を構成するリンクなどが故障して使用できなくなった場合には，プロテクションスイッチにより自動的にリンク，あるいは，パスを切り替える。リンクあるいはパスの切り替えにより一般的には通信中の呼は切断される。

　電話ネットワークにおいても，動的経路制御が使用されることもある。例えば，米国では，東海岸と西海岸では4時間の時差がある。したがって，トラヒックのピークも4時間の差があり，トラヒックピークの発生する時間が時間経過とともに，東海岸から西海岸に向けて移動する。そのため，東海岸で午前のトラヒックピークが発生しているときには，西海岸ではまだ夜明け前であり，トラヒックはきわめて低い。したがって，東海岸のトラヒックを運ぶのに，西海岸まで迂回させて，西海岸経由で経路制御を行うと，東海岸のネットワーク負荷を減らすことができ，ネットワーク資源を節減できることになる。

　電話ネットワークの経路制御の代表的なものに，遠近回転法（far to near rotation）がある[4]。遠近回転法とは，迂回中継を行う場合，経路の選択は基幹回線系（発着信局間の最終的な経路）に沿ってみたとき，最も遠い局への斜

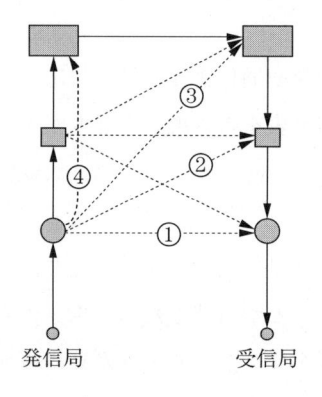

図7.11　遠近回転法

め回線を第1順路とし，基幹回線の方向に順に選択する規則のことである．例えば，図7.11の遠近回転法による経路選択は，つぎの手順で行われる．

迂回経路は対地に対してリンク数が少ない順（すなわち局としては遠い順番）で，①→②→③→④の順に選択される．基幹回線と斜め回線が選択可能な場合，斜め回線の選択を優先する．回線設計は，オフラインで，適当な期間（例えば数ヶ月）をおいてトラヒック状況の変化に応じて行う．

7.6 IPネットワークの経路制御

IPネットワークの経路制御は，各ルータにおいて経路制御表に従ってパケットごとに実行される．経路制御表の基本概念を図7.12に示す．

経路制御表1

宛先アドレスのネットワーク部	つぎのホップ
ネットワークA	－
ネットワークB	－
ネットワークC	ルータ2
ネットワークD	ルータ2

経路制御表2

宛先アドレスのネットワーク部	つぎのホップ
ネットワークA	ルータ1
ネットワークB	－
ネットワークC	－
ネットワークD	－

「－」は直接接続されていることを示す

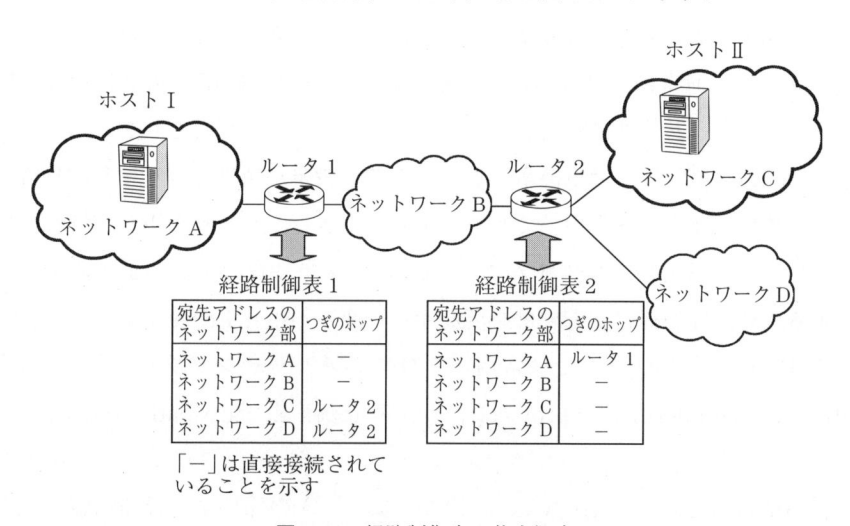

図7.12　経路制御表の基本概念

ネットワークAに属するホストIからネットワークCに属するホストIIにデータを転送する場合の動作の概要は以下のとおりである．

① ホストIがパケットを送出し，ルータ1に到達する．

② ルータ1では，パケットの宛先アドレスのネットワーク部からホストIIがネットワークCに属することがわかる．

③ ルータ1が持つ経路制御表からネットワークCへ接続するためには，次ホップとしてルータ2に送ればよいことがわかり，ルータ2にパケットを中継転送する。

④ ルータ2は，ネットワークCが直接接続されていることを経路制御表から知り，ネットワークCへパケットを転送し，目的のホストⅡにパケットは届けられる。

IPネットワークの経路制御にも，静的経路制御と動的経路制御がある。静的経路制御では，経路制御情報をあらかじめルータに固定的に登録しておく。動的制御では，ルータが定期的にルータ同士で経路の接続状況を確認し，経路制御表の更新を行う。

静的経路制御は，大規模のネットワークではルート設定の更新が煩雑である。インターネットでは故障時に迂回経路に切り替えるためのプロテクションスイッチは，通常は，設けられていないため，リンク故障が発生した場合には，ネットワーク管理者が新しくルートを設定するまで回復されない。

動的経路制御では，大規模ネットワークでも設定が簡単で，リンク故障時には自動的に迂回ルートを用いてルートを回復できる。しかし，ルート情報の更新維持のための帯域を使用すること，CPUやメモリ資源をこの動的設定に使用するため，静的経路制御では必要なかったオーバヘッドが発生する。

TCP/IPネットワークで通常用いられているルーチングプロトコルには，RIP（routing information protocol），OSPF（open shortest path first）などがある。

経路情報の更新は，RIPでは30秒ごとにルータの保持する経路情報を交換することによって行われる。OSPFの経路情報維持のための確認間隔は10〜30秒である。この確認はHelloパケットを用いて行われる。一定時間，受信ルータからの応答がないと，その隣接ルータは故障しているとみなされ，そのリンクは経路制御表から削除される。

〔1〕 RIP

RIPは，UDPのブロードキャストデータパケットを用いて，経路情報を隣

接ルータに通知する。経路情報には,「メトリック」と呼ばれる宛先ネットワークまでの距離情報(ルータのホップ数)が含まれる。メトリックは,ルータを超えるごとに,1ずつ加算される。RIP は,このメトリックを利用してネットワークトポロジーを把握する。このため,「距離ベクトルアルゴリズム」に基づいたルーチングプロトコルと呼ばれる。

RIP では,最少メトリックの経路が最適経路として使用される。メトリックの最大値は 15 に設定され,15 を超えた場合は到達不能とみなされる。

〔2〕 OSPF

OSPF では,各ルータが「リンクステート」と呼ばれる情報要素を作成し,ほかの全ルータに配信する。これを受信したルータは,このリンクステート情報に基づき,ほかのルータがどこに存在し,どのように接続されているのかという LSDB(link state data base)を作成し,ネットワークトポロジーを把握する。このため,OSPF は「リンクステート・アルゴリズム」に基づいたルーチングプロトコルと呼ばれる。

OSPF では,コスト(インタフェースの帯域幅の逆数に比例)の低い経路が最適経路として使用される。また,一度リンクステート情報が交換されると,この情報に更新がない場合は,基本的には Hello パケットによる生存確認のみを行う。更新があった場合には,その差分情報だけを交換する。

ここで使用している「コスト」は,経済的な意味は持たないので注意が必要である。目的に応じて,コストとして遅延など他のパラメタを採用することも可能である。

7.7 輻輳制御機能

企画型イベントや災害などで,呼が集中発生した場合や中継用の伝送路が切断された場合に,交換機が処理可能なトラヒックを超えるトラヒックが発生し,輻輳が生じることがある。また,ある交換機が輻輳すると,輻輳交換機と対向接続している交換機にも影響を与える。輻輳している交換機向けの呼の待

ち時間が長くなり，呼の渋滞が起こり，対向接続している周辺の交換機も輻輳に陥る。周辺の交換機に輻輳が波及し，ネットワーク機能に重大な支障が発生する危険性がある。このような状態を回避するために，異常に大きなトラヒックが発生すると，接続を抑制し，ネットワーク全体への影響を抑える。これを，輻輳制御という。輻輳制御機能例を**表7.4**に示す。

表7.4 輻輳制御機能例

機 能	内 容
発信規制	多くの呼が発生し，交換機が処理できる限界を大幅に超えると正常な交換が行われなくなるため，通話の確保が必要な端末（例えば公衆電話）を除いて発信呼を受け付けない規制
入呼規制	他交換機から入呼が交換機が処理できる限界を大幅に超えると入呼の待ち合わせが多くなり正常な交換が行われなくなるため，他交換機から入呼を受け付けない規制
出接続規制	ある地域/特定の利用者への呼が集中し，輻輳が発生することが他の地域/利用者への呼に影響を与える場合，ネットワーク全体に輻輳が波及することを防ぐためにその地域/利用者への呼を規制

インターネットはトラヒック制御機能を備えていない。そのためIP電話では，このような輻輳制御はサポートされていない。

8章 トランスポート層とフロー制御

8.1　インターネットにおけるトランスポート層

　インターネットにおいては　トランスポート層プロトコルとして，UDP（user date protol）と TCP（transmission control protocol）とが規定されている。アプリケーション層は，そのいずれかを選択して用いる。

　UDP は，信頼性を保証しないコネクションレス型通信を提供する。TCP は，信頼性の高いコネクション型通信を提供する。TCP は信頼性の高いコネクション型通信を提供するが，信頼性を保証するものではない。

　IP が提供する転送サービスはベストエフォート型転送サービス（best effort delivery service）である。IP は，通信する端末・ホスト（以下簡単のためホストとする）間の IP パケットを最善の努力（best effort）で転送するが，転送の保証はしない。

　具体的には，IP はパケット（データグラム）が宛先ホストに到達することを保証しないし，複数のパケット（データグラム）が送られた順序どおりに到達することも保証しない。また，パケット内のデータに伝送誤りがなく完全なデータであることも保証しない。このため，IP サービスは，信頼性がない転送サービスである。

　さらに，IP は経路制御のみに専念し，トラヒック管理の機能も有さない。IP には，ネットワークが輻輳しているかどうかを検知するすべがない。

　UDP は，IP がベストエフォート型のパケット転送を行うのと同様に，ベス

トエフォート型通信を行い，信頼性をはじめ順序保存データ完全性を保証しない通信を提供する。UDPはトラヒック流量制御を行う機能を持たない。

ベストエフォート型通信サービスとは，物理層からアプリケーション層までを含み，ベストエフォート型転送サービスとは，物理層からネットワーク層までを含む。

TCPは，IPのベストエフォート型転送サービス上で，信頼性の高い通信を提供するために，フロー制御，シーケンス番号，ACK，タイマーなどを用いる。

インターネット上のTCPによる高信頼通信サービスの実装を図8.1に示す。

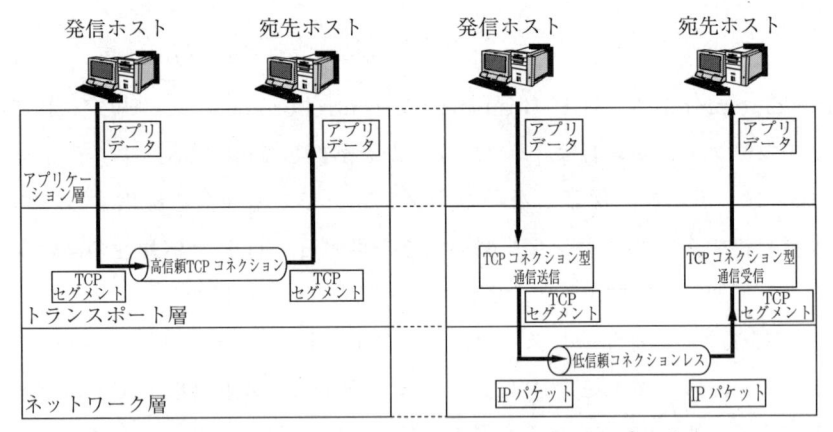

図8.1 インターネット上のTCPによる高信頼通信サービスの実装

ユーザからは，TCPコネクションにより高信頼通信が見えるが，実際には，そのTCPコネクションは，IP層のコネクションレス機能の上に実現されている。

下位層と上位層は，信頼性の観点からは，つぎに示す，信頼性の階層関係が一般的に必要である。

「下位層の信頼性」≧「上位層の信頼性」

TCP/IPネットワークでは，この関係が成立していない。IP層はこのため

に工夫することが許されていないために，TCP層に工夫が必要である。

　ネットワークのトラヒック流量の制御が必要なアプリケーションでは，端末のトランスポート層機能が制御機能を持つ。

　ホストは，トランスポート層プロトコル TCP によってトラヒック流量制御を行う。

8.2 UDP

　UDP は，トランスポート層でコネクションを設定することなく，IP データグラムを，転送するためのプロトコルである[1]。UDP は，発信ホストおよび宛先ホストのアプリケーションプロトコルに関する情報を載せただけのものである。

　プロトコルレベルでは ACK 応答を返さないので，宛先に届いたかどうかは送信側ではわからない。エラーが発生した場合には，そのパケットを捨てる。エラー制御などは，上位のアプリケーションプロトコルで行うことが必要である。

　トランスポート層コネクションを設定しないため，転送時間の遅延は TCP よりも小さく，かつ，輻輳に対する制御機能をもたない。IP パケットの原型はデータグラム型通信であるため，UDP のための特別な機能は必要としない。UDP ポート番号によるアプリケーションとの対応付けが UDP 機能である。

　UDP ヘッダを図 8.2 に示す。UDP ヘッダとペイロードをあわせて UDP セグメントという。

発信元ポート番号 (16 ビット)	宛先ポート番号 (16 ビット)
データ長 (16 ビット)	チェックサム (16 ビット)
アプリケーションデータ	

← 32 ビット →

図 8.2　UDP ヘッダ

UDP に特徴的なのは，遅延が小さいこと，ACK が返ってこないこと，宛先ノードは複数でもよいことである．したがって，実時間アプリケーションや，ストリーミング型アプリケーションでは UDP が使用される．さらに，マルチ

表8.1 インターネットアプリケーションとトランスポートプロトコル

アプリケーション	アプリケーションプロトコル	トランスポートプロトコル
電子メール	SMTP	TCP
リモートログイン	telnet	TCP
WWW	HTTP	TCP
ファイル転送	FTP	TCP
ストリーミング	RTSP	TCP UDP
IP 電話	RTP	UDP
ルーチングプロトコル	RIP	UDP
アドレス変換	DNS	UDP

SMTP：simple mail transfer protocol
HTTP：hyper text transfer protocol
FTP：file transfer protocol
RTSP：real time streaming protocol
RTP：real time protocol
RIP：routing information protocol
DNS：domain name system

表8.2 UDP を使用するアプリケーションとポート番号の例

ポート番号	アプリケーション	用途
7	echo	エコーパケット
37	time	時間
39	rlp	リソースロケーションプロトコル
42	Nameserver	ホストネームサーバ
53	domain	ドメインネームサーバ
69	tftp	トリビアルファイル転送
123	ntp	ネットワーク時間プロトコル
161	snmp	SNMP
520	router	RIP
546	dhcpv6-client	DHCPv6 クライアント
547	dhcpv6-server	DHCPv6 サーバ
554	RTSP	リアルタイムストリーミングプロトコル
5004	RTP	リアルタイムプロトコル

SNMP：simple network management protocol
DHCP：dynamic host configuration protocol

キャスト，ブロードキャストの場合にも UDP が使用される。

　代表的なインターネットアプリケーションとそのトランスポートプロトコルを表 8.1 に示す。UDP を使用するアプリケーションとポート番号の例を表 8.2 に示す。

8.3　TCP

　TCP は，コネクションレス型ネットワーク上で，トランスポート層のコネクションをエンド-エンド間で設定して，信頼性のあるコネクション型通信を実現するためのプロトコルである[2]。

　インターネットは，コネクションレス型ネットワークであり，IP はネットワークの混雑状況と無関係に経路制御表に従って，目的地までパケットを転送する。

　輻輳などによってパケット損失が発生したかどうかを，IP は検知できない。高い信頼性のある通信を，信頼性のないインターネット上で実現する必要があるアプリケーションでは，受信ホストにパケットが到達したことをトランスポート層が検知し，パケットが無事に到達した場合に，ACK（受領確認）を発信ホストに返送する。ACK が受信ホストから返ってきた場合に，発信ホストはつぎのパケットを発信する。

　トランスポート層は，実際にパケットがネットワーク内で損失したかどうかを検知しているわけではなく，受信ホストまで一定の時間以内に到着したかどうかを判断し，規定時間以内にパケットが到着しない状態（タイムアウト）が発生した場合を，パケット損失とみなしている。

　当然のことながら，パケットが途中で紛失した場合には，パケットは永遠に到着しない。ネットワーク内に滞留して定められた時間よりもパケット到着が遅れる場合にも，損失したとみなし，パケットを再送する。

　TCP ヘッダを図 8.3 に示す。TCP ヘッダとペイロードをあわせて TCP セグメントという。ヘッダの各フィールドの主要機能はつぎのとおりである。

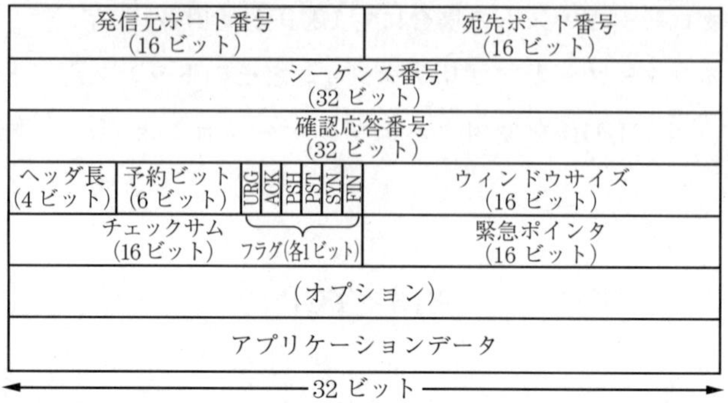

146   8. トランスポート層とフロー制御

発信元ポート番号 (16ビット)							宛先ポート番号 (16ビット)	
シーケンス番号 (32ビット)								
確認応答番号 (32ビット)								
ヘッダ長 (4ビット)	予約ビット (6ビット)	URG	ACK	PSH	RST	SYN	FIN	ウィンドウサイズ (16ビット)
チェックサム (16ビット)		フラグ(各1ビット)						緊急ポインタ (16ビット)
(オプション)								
アプリケーションデータ								

←―――――― 32ビット ――――――→

図8.3 TCPヘッダ

① **シーケンス番号**　　送信するセグメントの順序を宛先ホストに通知する。宛先ホストでは，この番号によってセグメントの順番を正しく並べ替えたり，届かなかったセグメントの再送要求を出すことができる。

② **確認応答番号**　　データを受信したホストが送信元ホストに受信の確認を行うための番号である。

③ **ヘッダ長**　　TCPヘッダの長さを4オクテット（32ビット）単位で示す。

④ **予約ビット**　　将来の機能拡張のための予備ビットである。

⑤ **フ ラ グ**　　6ビットからなり，つぎの六つのフラグフィールド（各1ビット）から構成されている。

・URG（緊急データ）　　緊急伝送用であることを示す。

・ACK（確認応答）　　コネクション確認要求の最初のパケット以外は，すべて1である。

・PSH（逐次処理）　　転送強制フラグである。1の場合は受信したデータをただちに上位層へ渡す。

・RST（強制切断）　　1の場合はコネクションの強制解除を行う。

・SYN（接続要求）　　同期フラグである。1の場合はコネクション設定を開始する。

・FIN（切断要求）　　転送終了フラグである。1の場合はコネクションを

終了する。

⑥ **ウィンドウサイズ** 宛先ホストは，到着したセグメントを「ウィンドウ」と呼ばれる受信バッファに一度蓄積し，上位層に渡す。そのため，受信バッファ以上のデータが，一つのセグメントとして到着してしまうと処理しきれなくなる。そこで，宛先ホストは送信元ホストに宛先ホストのウィンドウサイズをあらかじめ通知する。

⑦ **チェックサム** 誤り制御用フィールドであり，対象はTCPセグメント全体である。すなわち，IPヘッダもチェックサムの対象である。IPv6ヘッダでチェックサムを削除したのは，このTCPのチェックサム機能と重複すると考えられたからである。

TCPの主要な機能はつぎのとおりである。

① ACKの返送により宛先へのパケット送達確認（再送を繰り返しても輻輳のため転送が失敗に終わることもある）
② エラー検出とエラー訂正
③ フロー制御
④ パケット順序の再構成
⑤ データを上位のアプリケーションに転送するインタフェースの提供

表8.3 TCPポートの番号例

TCPポート番号	アプリケーション	用途	TCPポート番号	アプリケーション	用途
20	ftp-data	ファイル転送（データ本体）	70	gopher	gopher
21	ftp	ファイル転送（コントロール）	80	http	WWW
22	ssh	シェル：SSH（セキュア）	110	pop3	メール受信（POP）
23	telnet	シェル：telnet	119	nntp	ネットニュース
25	smtp	メール送受信	143	imap	メール（IMAP）
53	domain	DNS	443	https	WWW（セキュア）

(TCP ポート番号)

上位のアプリケーションはアプリケーションごとに，特定の TCP ポート番号をもち，TCP は受信側では，上位の適切なアプリケーションプロトコルにデータを受け渡す。アプリケーション名でプロトコルを特定する代わりに，TCP ポート番号によりアプリケーションを特定する。TCP ポート番号は，アプリケーションの番地あるいはアプリケーションへのゲートのようなものである。TCP ポートの番号例を表 8.3 に示す。

アプリケーションと TCP ポート番号と UDP ポート番号の例を図 8.4 に示す。UDP と TCP の概要を表 8.4 にまとめて示す。

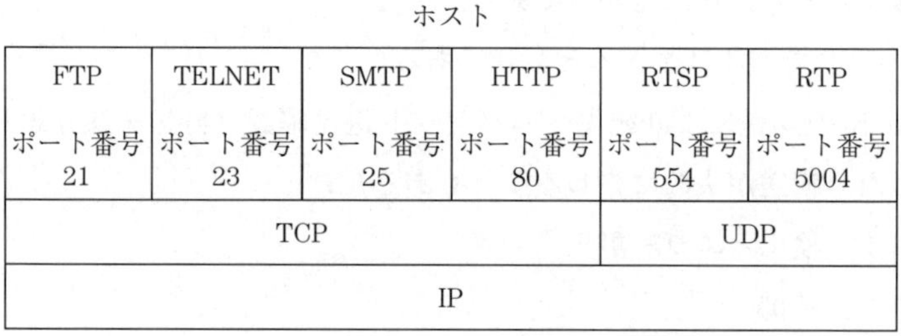

ホスト

FTP	TELNET	SMTP	HTTP	RTSP	RTP
ポート番号 21	ポート番号 23	ポート番号 25	ポート番号 80	ポート番号 554	ポート番号 5004
TCP				UDP	
IP					

図 8.4　アプリケーションと TCP ポート番号と UDP ポート番号の例

表 8.4　UDP と TCP の概要

	UDP	TCP
接続形態	$1:1$ および $1:n$	$1:1$
アプリケーションの特定方法	UDP ポート番号	TCP ポート番号
送受信の単位	パケット[*1]	ストリーム[*2]
宛先までの到達確認	なし	あり
パケット損失時の動作	なし	再送
事前のアプリケーション同士の接続動作（コネクションの確立）	不要[*3]	必要[*4]
処理の軽量	軽い	重い

*1 パケット：送信側が送ったパケットが，そのままの形で受信側に届く
*2 ストリーム：送信されるデータはさまざまな長さを持つ
*3 コネクションレス型通信
*4 コネクション型通信

8.4 TCP 転送ポリシーと輻輳制御

インターネットのようなコネクションレス型ネットワークでは，ネットワークの混雑状況と無関係に，通信端末（エンドホスト）からデータが送信される。IP は，ネットワークの輻輳状況のいかんにかかわらずデータパケットを目的地まで転送する。ネットワークが運ぶことができる以上の負荷が与えられると，輻輳が発生し，データパケットの一部はネットワーク内で失われ，パケット損失が発生する。輻輳によってパケット損失が発生すると，パケット転送遅延が急激に増大し，ネットワークのスループットは劣化する。輻輳制御により，ネットワークの負荷を適切な量に制御することが必要である。

輻輳制御を行うためには，輻輳しているかどうかを検知する必要がある。電話ネットワークのようなコネクション型ネットワークでは，通信に先立ってネットワーク資源が新しい呼（通信）に必要な回線を確保できるかどうかをチェックし，ネットワーク資源を確保できる場合，すなわち，輻輳していない場合にのみ回線を設定して通信を受け付ける。このように，コネクション型ネットワークは，回線設定手順によって，ネットワーク資源と通信量のバランスを制御している。

IP ネットワークでは，IP の機能に輻輳検知・輻輳制御の機能がないため，ネットワークからの輻輳通知を契機にして，通信端末が，ネットワークに対して発信するデータ量を制御することは期待できない。そのため，通信端末の TCP 層が輻輳制御を担っている。

現在のネットワークでは，光ファイバによる回線が主流であり，性能も安定しているため，故障状態でもない限り，データリンク層以下の性能劣化によってパケット損失が発生することはまれである。パケット損失の大部分は輻輳によって発生すると考えてよい。

無線回線では，フェージングや他の電波源からの干渉などによって，通信品質が必ずしも安定していないことがある。したがって，無線回線がリンクの一

部に用いられている場合には，安定な品質を前提とする TCP/IP は，必ずしも，所期の性能を発揮できない場合がある。

TCP は，ネットワークが輻輳しているかどうかを直接検知するのではなく，理由のいかんにかかわらず，パケット損失が発生して，相手端末にパケットが到着しなかった場合を輻輳とみなして，輻輳制御を行う。

8.5 輻輳ウィンドウとスロースタート

TCP 輻輳制御では，発信ホストと宛先ホストの双方が輻輳ウィンドウと呼ばれるパラメタを持つ。宛先ホストは到着したセグメントを受信バッファ（これもウィンドウと呼ばれる）に一度蓄積し，上位層に渡す。そのため，受信バッファサイズ以上のデータが，一つのセグメントとして，到着してしまうと処理しきれなくなる。そこで，宛先ホストは発信ホストに宛先ホストのウィンドウサイズをあらかじめ通知しておく。

TCP の輻輳制御には，いくつかの制御方式が提案されており，その制御方式によって TCP の名称（バージョン）で呼称されている。

ここでは，説明の便宜上，TCP Tahoe（ティーシーピータホー）の輻輳制御機構について説明する[3]。

TCP はパケット損失を直接検知できない。そのため，同じ ACK が 3 度継続して返送されてきた（3 重 ACK）場合に，パケット損失が発生したと解釈する。これ以外のパケット損失は，定められた時間内に ACK が正常に返送されてこなかった場合である。

〔1〕 スロースタート

TCP は輻輳ウィンドウサイズを 1 から開始し，ラウンドトリップごとにウィンドウサイズを 2 倍ずつ増加させる（スロースタート）。ネットワークの空き帯域で，転送可能な最大ウィンドウサイズを超えるとパケット損失が発生する。

3 重 ACK によってパケット損失を検知した TCP は，パケット損失直前の

8.5 輻輳ウィンドウとスロースタート　　　151

ウィンドウサイズの 1/2 をスロースタート閾値(しきい)として設定する。そして輻輳ウィンドウサイズを，1 から，再度設定し，スロースタートを繰り返す。

〔2〕 **輻　輳　回　避**

　ウィンドウサイズが設定されたスロースタート閾値に達すると輻輳回避段階に入り，ネットワークの許容量に達するまで，ウィンドウサイズを 1 ずつ増加させる。1 ずつ増加させることにより，ネットワークの許容量に到達する時間が遅くなり，スロースタートによってウィンドウサイズを増加させるよりも，平均スループットが大きくなる。

　スロースタートと輻輳回避の 2 段階を繰り返すことにより，平均ウィンドウサイズを最適なウィンドウサイズにより近づけることを試みる。

〔3〕 **タ イ ム ア ウ ト**

　定められた時間内に ACK が返送されなかった場合には，閾値はその時点の輻輳ウィンドウサイズの 1/2 に設定され，その後，輻輳ウィンドウは最大セグメントサイズ（MSS）に設定される。

　TCP による輻輳ウィンドウとスロースタートを図 8.5 に示す。

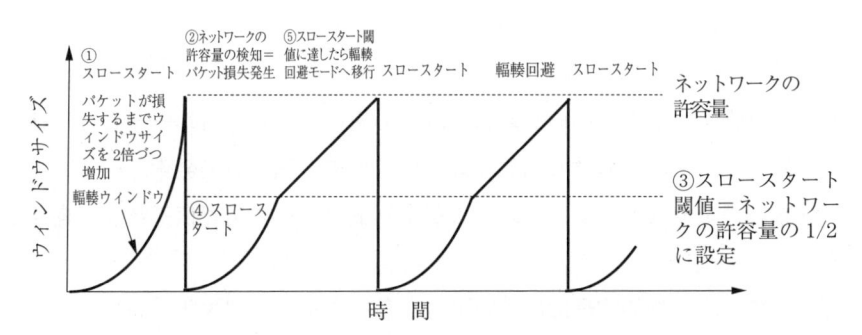

図 8.5　TCP による輻輳ウィンドウとスロースタート

TCP には TCP Tahoe，TCP Reno，TCP NewReno，TCP Vegas など複数のバージョンがある[4)~6)]。これらのうち，TCP Reno（TCP NewReno）が最も広く使用されている。

9章 通信品質

9.1 通信品質アーキテクチャと品質評価

〔1〕 電話3品質，サービス品質，ユーザ体感品質

電話ネットワークの品質基準は，伝送品質，接続品質，安定品質の3品質，いわゆる電話3品質に関して規定されている。この3品質では，サービス品質とネットワーク品質の違いが意識されていない。

電話サービス品質では，通信品質（通話品質，speech quality）は送話品質，伝送品質，受話品質からなっている[1]。

送話品質は送話者の発声特性，受話品質は受話者の受聴能力などの人によって異なる特性を含むため，同じ回線と端末を用いたとしてもユーザごとに通信品質は異なる。通話における伝送品質とは，標準の送話者の発声，標準の受話者の受聴特性を前提として，端末およびネットワークの情報伝送特性の良さを表す。

通信品質は，客観的物理的に測定可能な品質を指し，端末相互間で規定される。電話3品質の「伝送品質」がユーザの主観に左右されるのに対し，ネットワークの「伝送品質」は客観的物理的に測定できる伝送品質をさし，ユーザーネットワークインタフェース間で規定される。

ファクシミリサービスなどの非電話系のサービスの品質規定においても，通話品質規定の考え方に則ってなされている。通話品質のようにユーザ側から観測されるサービスの品質を「サービス品質（QoS）」と呼ぶ。

9.1 通信品質アーキテクチャと品質評価

QoE（quality of experience）は，ユーザから実際に体感されるサービス品質であり，「ユーザ体感品質」といわれる．これは，QoSを「ネットワークが提供するサービス品質」とし，QoEを「ユーザが体感するサービス品質」として明確に区別するものである．ユーザ体感品質とサービス品質を図9.1に示す．

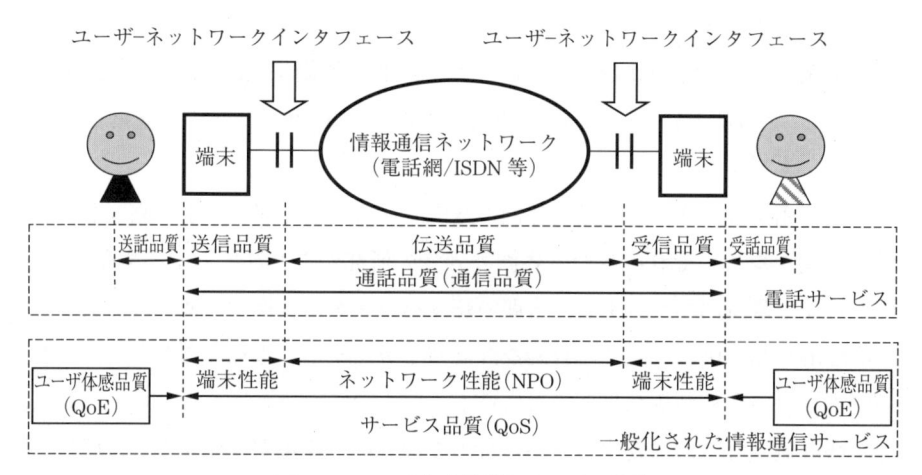

図9.1　ユーザ体感品質とサービス品質

〔2〕 **電話伝送品質測度**

技術レベルが十分でなく，通話内容が了解できるかどうかが課題であった1960年代には，「通話の了解性」が重視され，電話の伝送品質の測度としては，単音明瞭度の測定結果に基づいて，明瞭性を伝送損失の減衰量で等価換算した「明瞭度等価減衰量 AEN」が用いられた．技術の進歩により，「通話の了解性」が達成された1970年代には，音量を大きくして「聞きやすさ」の確保のため，音量感を伝送損失の減衰量で表現した「通話当量 RE」が用いられた．現在は，客観的な測定が可能で，かつ，再現性と相加性に優れ，人間の感覚との対応がよい，ラウドネス定格 LR（loudness rating）が用いられている[1]．

「R値（overall transmission quality rating）」は，サービス品質測度をさらに一般化，客観化してモデル化し，利便性などの要素も評価に含むより総合的

なサービス品質測度である。このモデルは，IP電話や携帯電話など多様な形態のサービスの品質評価にも適用可能としたものであり，Eモデルと呼ばれる[2]。

すなわち，評価のポイントは，何を話しているかがわかることから，聞きやすいことへ，その後，測定が客観的にすばやく行えるようにと発展してきた。

客観測定法の基礎は，雑音，ひずみ，遅延などの多様な要因を含む総合的な品質評価を，実際に人間が評価するオピニオン評価法（opinion assessment method）である。さらに，パラメタが未知の新しいサービスの品質評価に対しても，オピニオン評価が基礎である。

主観評価法は，サービス品質評価の基礎であるが，時間と人手と高度な専門性が必要なため，それに替わる客観評価法の研究がなされている。すなわち，測定可能な電気的パラメタを，人間の聴覚パラメタに変換し，個別の品質要因の心理的な相加則によって総合的な評価値を導出する。当然のことながら，客観測定法は，主観評価結果との対応性がいいものでなければならない。

主観評価は経時的に安定しているものではない。環境が変化すると人間の評価も変化する。例えば，ブロードバンドアクセスが普及すると，Webの検索などで待たされることが少なくなり，待たされないことに慣れたユーザが多数になると，待ち時間に対するユーザの寛容度は低下する。したがって，エンド-エンドのQoSは，適宜，見直すことも必要である。

〔3〕 通信品質アーキテクチャ

通信品質のアーキテクチャを図9.2に示す[3]。

技術的実現性が最大の課題であった時代の品質設計は，技術指向型でなされた。技術指向型品質設計のフローを図9.3に示す。

例えば，アナログネットワークでは中継ごとに雑音が累積する。信号対雑音比は中継ごとに品質劣化が大きくなることは避けられない。通話相手が話している内容を了解するのが精一杯の技術レベルでは，音量を大きくしても了解性は向上しないなど，技術的自由度が小さいため，ユーザの要求に応えたくてもできない。このような技術条件下では，技術的自由度が小さいため，実現可能

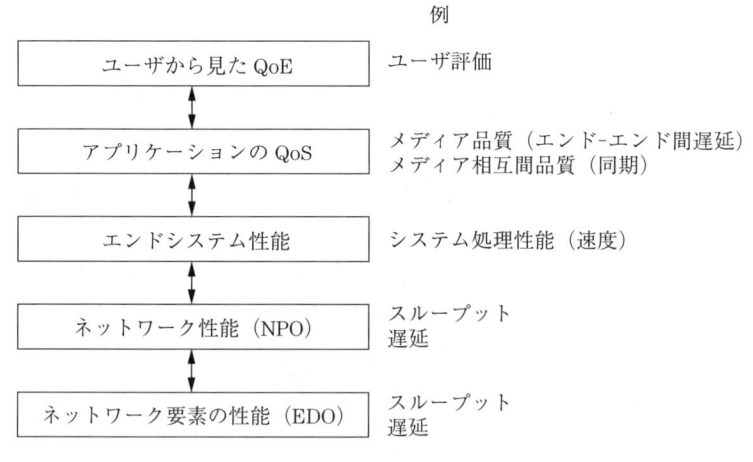

9.1 通信品質アーキテクチャと品質評価

```
                                          例
┌─────────────────────┐
│  ユーザから見た QoE  │    ユーザ評価
└─────────────────────┘
          ↕
┌─────────────────────┐    メディア品質（エンド-エンド間遅延）
│ アプリケーションの QoS │    メディア相互間品質（同期）
└─────────────────────┘
          ↕
┌─────────────────────┐
│   エンドシステム性能   │    システム処理性能（速度）
└─────────────────────┘
          ↕
┌─────────────────────┐    スループット
│ ネットワーク性能（NPO）│    遅延
└─────────────────────┘
          ↕
┌─────────────────────┐    スループット
│ネットワーク要素の性能（EDO）│ 遅延
└─────────────────────┘
```

図 9.2　通信品質のアーキテクチャ

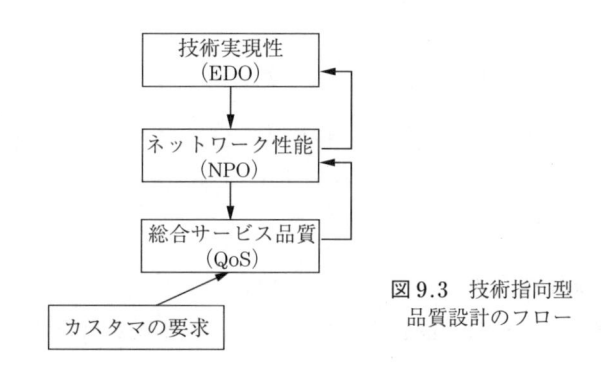

```
         ┌──────────────┐
         │  技術実現性   │←──┐
         │   (EDO)      │   │
         └──────────────┘   │
                ↓           │
         ┌──────────────┐   │
         │ ネットワーク性能│──┤
         │   (NPO)      │   │
         └──────────────┘   │
                ↓           │
         ┌──────────────┐   │
         │ 総合サービス品質│──┘
         │   (QoS)      │
         └──────────────┘
                ↑
         ┌──────────────┐
         │  カスタマの要求 │
         └──────────────┘
```

図 9.3　技術指向型品質設計のフロー

性が重視され技術指向型設計が採用されるのは自然である。

　技術的に実現可能なシステム（ネットワーク要素）の装置性能目標（EDO：equipment design objective）がまず設定される。この装置性能目標に基づいて，実現可能なネットワーク性能目標（NPO：network performance objective）が決定される。ネットワーク性能目標に基づき，提供できる QoS が顧客に提供される。もちろん，顧客の要求する品質とかけ離れた QoS の場合には，それぞれ設計の前の段階にフィードバックされ，可能な限り顧客の要求に沿うための見直しがかけられる。このサイクルを繰り返すことにより，技術条件と

顧客要求の調和の取れた解に行き着く。

技術レベルが成熟し，技術面の制約が少なくなると，通信品質設計は，技術指向型から，顧客や市場の要求条件を重視する顧客指向型に移行した。

顧客指向型品質設計のフローを図9.4に示す。

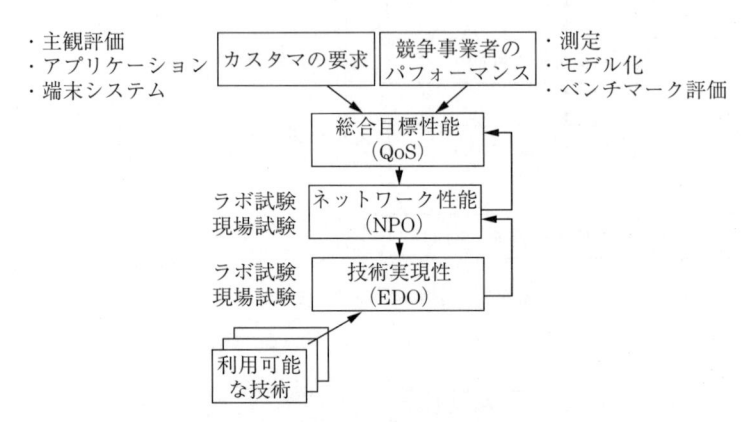

```
・主観評価        ┌─────────┐┌─────────┐   ・測定
・アプリケーション │カスタマの要求││競争事業者の│   ・モデル化
・端末システム    └─────────┘│パフォーマンス│   ・ベンチマーク評価
                              └─────────┘
                        ┌──────────┐
                        │ 総合目標性能 │←─────┐
                        │   (QoS)   │       │
                        └──────────┘       │
   ラボ試験           ┌──────────┐       │
   現場試験           │ネットワーク性能│←────┤
                     │   (NPO)    │       │
                     └──────────┘       │
   ラボ試験           ┌──────────┐       │
   現場試験           │ 技術実現性  │───────┘
                     │   (EDO)   │
                     └──────────┘
                        ┌──────┐
                        │利用可能│
                        │な技術 │
                        └──────┘
```

図9.4　顧客指向型品質設計のフロー

ディジタル伝送技術により，アナログ伝送における累積雑音の制約がなくなり，量子化ひずみと伝送符号誤り，遅延など制御可能な品質設計が可能となった。

〔4〕　品質設計サイクル

顧客の要望するサービス品質を満たすサービス品質要求条件をベースにして，顧客が享受するQoSを設定する。

エンド-エンドのNPOは，このQoSを満足するように設定される。エンド-エンドのネットワーク性能目標は，標準接続モデル（HRX：hypothetical reference connection）に基づき，ネットワークを構成する各部分（国際回線，国内回線）に配分される。ディジタル標準接続モデルを図9.5に示す[4]。

国際通信系モデルと符号誤り品質時間率配分の例を図9.6に示す。これらの配分された値に基づき，伝送システムあるいは交換機などのEDOが配分される。

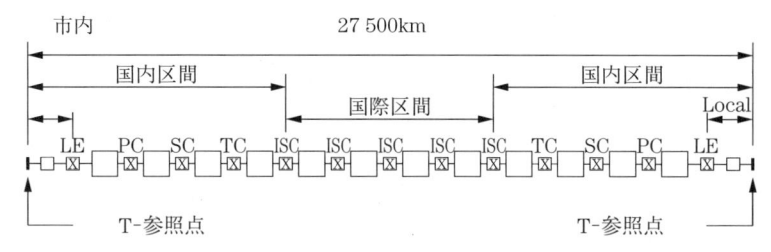

9.1 通信品質アーキテクチャと品質評価　　*157*

(a) 最長モデル

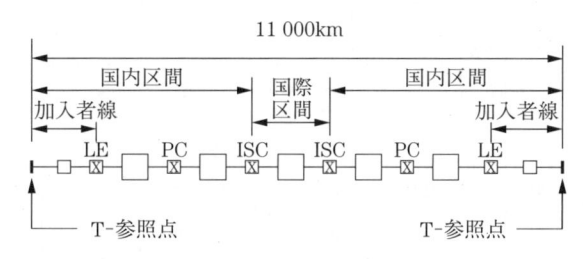

(b) 中距離モデル

LE：加入者交換機　　TC：中継交換機　　□：ディジタルリンク
PE：中継交換機　　　ISC：国際交換局　　⊠：ディジタル交換機
SC：中継交換機

図9.5　ディジタル標準接続モデル（出典：Figs. 1, 2, ITU-T 勧告 G.801）

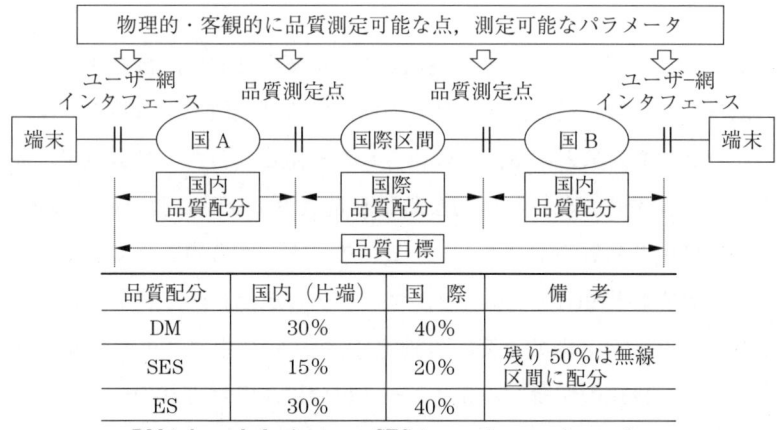

品質配分	国内（片端）	国際	備考
DM	30%	40%	
SES	15%	20%	残り50%は無線区間に配分
ES	30%	40%	

DM：degraded minutes，SES：severely errored seconds，
ES：errored seconds

図9.6　国際通信系モデルと符号誤り品質時間率配分の例

技術的実現性やコストなどの点から，この設計目標値が妥当なものでない場合には，再度 QoS 設定，あるいは，品質配分の過程に戻って妥当なものが得られるまで，設計サイクルを繰り返す．その具体的な適用例として，QoS 設計チャートの例を図 9.7 に示す[5]．この設計手順は，ネットワークの新設あるいは増設，あるいは新サービスの提供にあたっても同様に用いられる．

通信機能		速さ	正確さ	稼動率	信頼性	セキュリティ
サービス導入		サービス開始までに必要な時間	正確さ	アクセス可能な人・時間		秘匿性
技術的品質	接続設定	ダイヤルトーン遅延 ホストダイヤル遅延	誤接続率	呼損率	ネットワーク故障	漏話
	ユーザ設定	転送遅延	伝送品質	ネットワーク不応答	切断	漏話
	接続解放	解放遅延	正確さ	中断		
課金		遅延	正確さ	課金頻度		
修理		修理時間	正確さ	アクセス可能な人・時間		

図 9.7　QoS 設計チャートの例

9.2　通信品質の 3×3 マトリクス

ネットワークのディジタル化と ISDN 研究を契機として，古典的な電話品質規定（伝送品質，接続品質，安定品質のいわゆる 3 品質による規定）は，電話以外のサービスも対象とする，一般化された規定となった．品質規定対象パラメタが，より体系化され，物理的な品質測定点および品質測定法が規定され，サービス提供中の品質測定（インサービスモニタ）が考慮されている．

品質パラメタの枠組としては 3×3 マトリクスが使われる．すなわち，通信サービスを，サービス開始（接続の設定），サービス中（ユーザ情報の転送），サービス終了（接続の切断）の 3 フェーズに分け，それぞれのフェーズで，三つの基本属性，すなわち，「速さ（speed）」，「正確さ（accuracy）」，「確かさ（dependability）」について規定している．ここでいう「確かさ」とは，例えば，ダイヤルトーンをネットワークが正常に処理できずに発生する誤接続率な

どの狭義の「確かさ」をさす。

信頼性（安定品質，availability）は，3×3マトリクスの9個のパラメタ値が著しく劣化して，正常な運用に支障をきたす閾値を超える割合を規定するものである。マトリクスの9個のパラメタが1次パラメタとして規定されるのに対して，信頼性は2次パラメタとして規定される。

具体例として，ISDNの64 kbps回線交換サービスに対する3×3マトリクスの品質規定を図9.8に示す[6]。

尺度 通信 フェーズ	速さ (speed)	正確さ (accuracy)	信頼性 (dependability)
接続	接続遅延 (I.352)	誤接続率 (I.359)	接続損失率 (I.359)
ユーザ 情報転送	伝送遅延 (G.114)	符号誤り (G.821)	通信中切断誘引率 (I.359)
切断	解放遅延 (I.352)	通信中切断率 (I.359)	誤解放率 (I.359)

稼働率 等
(I.355)

図9.8 ISDNの64 kbps回線交換サービスに対する
3×3マトリクスの品質規定

9.3 電話およびISDN

電話サービス属性パラメタは，回線モード（固定速度），1対1接続，コネクション型，実時間性（遅延）である。これらのパラメタによって特徴づけられるサービスに対して規定されたのが，接続品質，伝送品質，安定品質のいわゆる3品質である。

モデム通信は電話ネットワークでの利用が前提のため，そのプロトコルは電話ネットワークの品質（NPO）との整合性を考慮した規定がなされている。ISDN研究が開始された1980年代初頭は，モデム通信の最高伝送速度は9.6

kbps であった。その後，ディジタル技術の発展により高度な等化が可能になったため，電話ネットワークの限界に近い最高速度 56 kbps のモデムも実現している[7]。

しかし，モデムの伝送速度はネットワークの性能条件に左右されるため，最高速度はつねに保証されるものではなく，伝送条件に適合した速度まで自動的にフォールバックする。モデムの最高速度は標準的なネットワーク性能を前提として設計されているが，現実のネットワーク性能は，種々の要因によって，想定した条件を下回っていることはまれではない。想定した条件を満足するように，特別に低損失心線を用いたり，線路上の分岐タップを除去したりすることによって，ネットワーク側で線路の伝送性能に手当てを加えることを，コンディショニングという。コンディショニングは，おもに，加入者線において行われる。

ISDN は，ディジタル電話ネットワークを基本として，端末-端末間にディジタル接続を提供する汎用ネットワークである。当初は，代表的なサービスとして，ディジタル電話，ファクシミリ，データ通信サービスが想定された。

ISDN はディジタル電話ネットワークを前提条件としているため，ISDN の品質規定は，電話サービスに対する規定を基本としつつ，ファクシミリやデータ通信サービスも包含するように一般化が図られている。ISDN のサービス属性パラメタは，電話と同じく，コネクション型通信で，1対1接続，回線交換が中心である。実時間性が要求される回線モードと，実時間性が要求されないパケットモードの二つのサービスが同一のユーザ-ネットワークインタフェース上で提供される。

ISDN 品質規定は，ディジタル電話ネットワークに対して規定されている中継系の品質との整合性，経済性と環境条件の厳しい加入者系への無理のない配分，従来の電話サービス品質との整合性が考慮されている。

回線モードサービスに対しては，基本の電話音声サービスに加えて，データ通信サービスの品質を満足するように規定したものである。

具体的には，音声については平均オピニオン評点（MOS）2.5 を限界規定

とし，データ通信に対しては，代表的なパラメタの 64 kbps（データ情報 48 kbps）の HDLC 手順を想定した場合に，伝送効率 99% 以上を目安としている[8]．

ISDN の品質規定の特徴は，音声の伝送品質に有効な平均誤り率規定に加えて，データ伝送効率の評価に対して有効な誤り率の時間率規定を導入していることである．伝送符号誤りパラメタの定義と 64 kbps 回線モードに対する符号誤り品質目標値を図 9.9，表 9.1 に示す．

サービス提供中の品質監視技術については，伝送フレームの誤り制御情報と

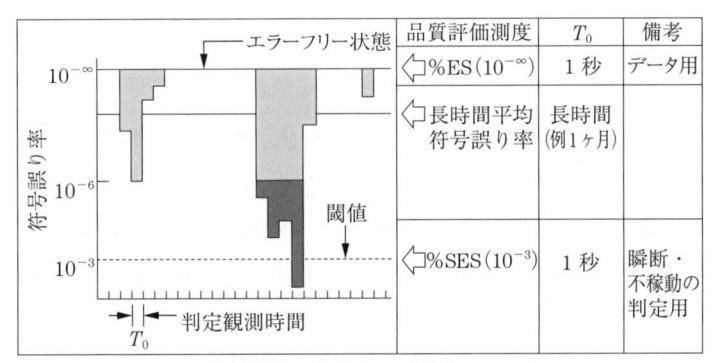

品質評価測度	T_0	備考
%ES($10^{-\infty}$)	1 秒	データ用
長時間平均符号誤り率	長時間（例 1ヶ月）	
%SES(10^{-3})	1 秒	瞬断・不稼動の判定用

%ES：1 個以上の符号誤りが存在する時間率
%SES：1 秒間に符号誤り率が 10^{-3} より悪い状態にある時間率

図 9.9　伝送符号誤りパラメタの定義

表 9.1　64 kbps 回線モードに対する符号誤り品質目標値

特性分類	判定観測時間	BER 値	目標時間率
（a） (degraded minutes)	1 分	10^{-6} 以上	$\dfrac{M_{>4}}{M_{AVAIL}} < 10\%$
（b） (severely errored seconds)	1 秒	10^{-3} 以上	$\dfrac{S_{>64}}{S_{AVAIL}} < 0.2\%$
（c） (errored seconds)	1 秒	0 以上	$\dfrac{S_{ERROR}}{S_{AVAIL}} < 8\%$ (92% EFS と等価)

$M_{>4}$：4 個の誤り（BER 1.04×10^{-6}）を超える誤りをもつ 1 分間
M_{AVAIL}：10^{-3} 以上の誤りをもつ 1 分間を除いたすべての 1 分間の個数
EFS：error free second エラーフリー秒
目標時間率を算出する総観測期間：1ヶ月

フレーム同期情報によって回線の伝送品質を推定する技術が開発され，専用線サービスなどに効力を発揮している[9]。

9.4 インターネットトラヒック評価および品質測定技術

インターネットはコネクションレス型ネットワークであり，品質は保証されない。品質が保証されないとはいえ，サービスのスムーズな提供のためにはトラヒック需要に見合った適切なネットワーク資源量が必要となる。また，インターネットではさまざまなネットワークを経由してルーチングされるが，経路中の最低速度リンク（ボトルネック）でエンド-エンドのスループットが決まる。

サービスが品質非保証型であったとしても，サービス提供業者（information provider）はユーザに受け入れられる程度の品質を提供する必要がある。そのための手段として，トラヒック測定・評価技術は重要である[10), 11)]。

コネクションレス型ネットワークでリアルタイム通信であるインターネット電話やインターネットテレビ会議などが提供されている。このための実時間通信プロトコルも開発されている。これは，遅延平均値を統計的に保証するもので，最大遅延を保証するものではない。リアルタイムアプリケーションが普及すると，インターネットのトラヒック特性が大幅に変わることが予想される。その意味でも，トラヒックモニタ技術の開発は重要である。

インターネットトラヒックが絶対少数の時には問題にならなかったことが，インターネットの普及と広帯域のマルチメディアトラヒックの増加により，トラヒック全体の中で無視できない大きさを占めるようになると，問題になることが想定される。

通信サービスを提供するテレコムネットワークの品質規定は，標準的なネットワークモデル（HRX）に基づき，エンド-エンド間での品質を規定し，国際国内各ネットワーク部分への品質配分を行っている。衛星リンクの使用は，電話の遅延に対する制約から，国際通信においては，原則として，国際部分ある

いは国内部分のいずれかの1リンクに限って使用を認められている。このようにテレコムネットワークの品質規定はトップダウン型である。

インターネットは，エンド-エンド間品質については保証していないため，品質は，規定されていない。さらに，ネットワークは自然増殖的に，つぎはぎで相互接続される形態に近いものである。ネットワーク相互の接続については，テレコムネットワークのような標準的な接続ルールのようなものはない。すなわち，ボトムアップ型のネットワークが構築されている。相互接続されているネットワークの中で最低の品質のもの，ボトルネックが，エンド-エンド品質の決め手になる。

9.5 IP電話品質

〔1〕IP電話サービス例と品質

IP電話のサービス例と品質の関係を**表9.2**に示す[12]。

表9.2 IP電話のサービス例と品質の関係

アクセス形態	中継網種別	サービス品質		具体的なサービス事例	既存電話との関係	品質の考え方
常時接続 企業ユース 　ディジタル専用線 　ATM専用線 　IP-VPN 　IP-CUGなど 個人ユース 　ADSL 　CATV 　FTTHなど	専用IP網 ＋ (PSTN)	帯域保証型	固定電話以上の品質	中継網としてのIP電話サービス	固定電話に代えて利用	既存の電話サービスと同等以上の品質として規定することが必要
			固定電話並みの品質	エンド-エンドでのサービスなど		
			携帯電話並みの品質	IP-VPNを利用したサービス LAN，WANサービスとして提供など	料金および使用する目的に応じて利用	・ユーザがサービスの品質を理解できるように品質を定めることが必要 ・事業者が接続する他事業者の網の品質を知りうるように品質を定めることが必要 ・それぞれのサービスに求められる最低限の品質を定めることが必要
ダイヤルアップ	インターネット ＋ (専用IP網，PSTN)	ベストエフォート		DSL，CATVを利用したインターネット電話など	ネットワークの状況等に応じて利用	
				インターネット電話など	発信のみ（PSTNからの着信はなし）	

IP電話の基本接続形態としては以下の三つがある。

① PSTNに接続された固定電話端末同士の通話において中継部分のみをIPネットワークで置換
② IPネットワークに直接接続されたIP電話端末同士の接続
③ PSTNに接続された固定電話端末とIPネットワークに直接接続されたIP電話端末の相互接続

接続形態①では，QoSを配慮した専用IPネットワークの受付制御により，サービス品質レベルをある程度確保することは可能である．この場合には，中継回線部分を，従来電話の品質配分に近い性能設計をすることが必要である．

接続形態②では，従来のインターネットがベストエフォートをベースとしているため，品質もベストエフォート型にならざるを得ない．

接続形態③の場合には，事情はもう少し複雑である．固定電話発信・IP電話着信の場合では固定電話機に課金されるため，サービス品質に関して規定が必要である．IP電話発信・固定電話着信の場合には，着信側ユーザが発信端末をIP電話かどうか認識しなければ，サービス品質に対しては従来の電話サービス並みを期待する．

接続形態③では，発信端末のいかんにかかわらず，何らかのサービス品質に関する考え方・規定が必要とされる．

IP電話の品質規定を**表9.3**に示す．通話品質は音声品質と遅延が主要パラ

表9.3 IP電話の品質規定（音声品質と遅延）

①R値による音声品質クラス（ITU-T G.177）

$100 \geq R > 90$	$90 \geq R > 80$	$80 \geq R > 70$	$70 \geq R > 60$	$60 \geq R > 50$
Best （非常に満足）	High （満足）	Medium （一部のユーザは不満足）	Low （多数のユーザは不満足）	Poor （ほとんどのユーザは不満足）

②片方向遅延規定（ITU-T G.114）

規定値	内容
片方向遅延 $\leq$ 150 ms	ほとんどのアプリケーションで利用可
150 < 片方向遅延 $\leq$ 400 ms	あらかじめ遅延が発生することを認識していれば利用可
400 ms < 片方向遅延	一般的に利用不可

メタである。

〔2〕 R値とEモデル

日本のIP電話のQoSクラスは，R値で定義されている。IP電話のQoSクラスを表9.4に示す。R値はMOSとの対応が取れている。R値とMOSの関

表9.4 IP電話のQoSクラス

クラス	A	B	C
サービス例	一般加入電話	携帯電話	該当なし
片方向エンドエンド伝送遅延	<100 ms	<150 ms	<400 ms*
R値	>80	>70	>50*
呼損率*	≦0.15	≦0.15	≦0.15

出典：総務省IPネットワーク技術研究委員会報告書
＊：参考値

> **実時間性**
>
> 　電話においては，実時間性（リアルタイム性）は必須である。これに対して，インターネットのWeb検索では待たされることが通常で，ユーザは待たされること自体に不満を持つことはない。
> 　実時間性を必要とするアプリケーションには，電話以外に，会議電話，テレビ会議などの人間同士で行われる会話型通信がある。
> 　実時間性を損なわない程度の遅延値は，通話の場合には通話内容によって異なる。遅延が大きくなると，送話者と受話者の応答のタイミングがちぐはぐになり，スムーズな会話が困難になる。最も厳しい数字の読み合わせにおいて，50％の話者が遅延を感じる遅延値は150 msである。遅延値150 msは，IP電話のクラス別の規格のクラスXの規格に採用されている。遅延許容値は400 msである（9章文献1））。
> 　ストリーミング型通信も遅延に対して敏感である。ストリーミング型通信の場合には，実時間性（絶対伝送遅延）に対しては厳しい条件は必要ないが，ジッタなどの伝送遅延変動に対しては厳しい。
> 　インターネットのWeb検索においては，実験的に得られた待ち時間の許容限として8秒が報告されている。しかし，ユーザの主観評価は，環境によって，また時代によって変化する。ブロードバンド環境に慣れ親しんだユーザの待ち時間の許容限はさらに厳しくなる。

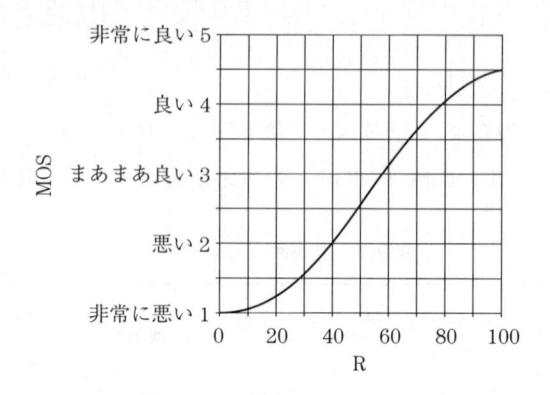

図9.10 R値とMOSの関係

係を図 9.10 に示す.

R値の計算アルゴリズムがEモデルである[2]。R値は装置,回線の物理特性,設定値のみから算出されるため,再現性がある.

R値は,実用的には次式で表現される.

$$R = R_0 - Is - Id - Ie + A$$

ここで,R_0:0 dBr 点の回線雑音,Is:音量・側音,Id:エコー・遅延,Ie:コーデック歪み・パケット損失,A:利便性である.利便性 A とは,携帯電話のような利便性の総合品質への寄与を評価するため付加された項であるが,詳細は未定であり,現状では考慮されていない.

10章 トラヒックエンジニアリング

10.1 トラヒック設計

　情報通信ネットワークは，多数のユーザによって共用することにより，経済的な利用を可能にしている。ユーザごとに専用通信設備を設ければ，待ち時間もなく，通信は常時可能であるが，経済的でない。経済性を損なうことなく，かつ，各ユーザからみて，サービス性をある水準以上に維持する必要がある。

　道路ネットワークを移動する自動車の量や鉄道ネットワーク内を移動する車両の量などの交通トラヒックに対比して，情報通信ネットワークによって転送される情報量を，通信トラヒックと呼ぶ。

　トラヒックは多数のユーザによって生成されるため，ユーザの統計的な振舞いがサービス性を決定する。ネットワークがスムーズに運ぶことができる量以上のトラヒックが発生すると，道路ネットワークでは交通渋滞が，あるいは，情報通信ネットワークでは輻輳が発生する。

　通信トラヒックは，時々刻々変化する。週日には，オフィス業務の開始とともにトラヒックは増大し，オフィス業務の終了とともにトラヒックは減少する。夕方から夜間にかけては一般ホームユーザのトラヒックが増大する。このような24時間の時間変動以外にも，曜日によって，月によって，季節によって，あるいは景気の変動などに対応して年によっても変化する。これらは，通信トラヒックの週変動，月変動，季節変動，年変動と呼ばれる。トラヒックの時間変動の例を図10.1に示す。

10. トラヒックエンジニアリング

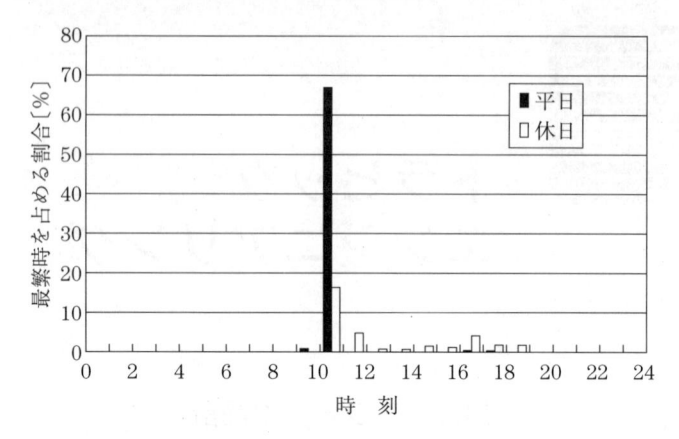

図 10.1 トラヒックの時間変動の例

地震などの災害が発生すると，安否の問合せや見舞いなどの通信トラヒックが特定の地域宛に集中する，いわゆる災害型輻輳が発生する．さらに，入場券などの申し込みや，テレビ放送などのリアルタイム視聴者アンケート応募などのための特定の電話番号に通信トラヒックが集中する企画型イベントによっても，トラヒックは変化する．

輻輳は，ネットワーク資源がトラヒック需要に比して不足する場合に発生す

ネットワーク資源使用率 100 %

100 km/s で走行する車両によって，ハイウェイが 100 % 使用されている状態を考えてみよう．ハイウェイが 100 % 使用されているということは，車が数珠繋ぎで隙間なく道路上を埋め尽くし，しかも 100 km/s で移動している状態である．インターチェンジで減速することもなければ，車両の入れ替わりも不可能である．したがって，ハイウェイにランダムに出入りする複数の車両でハイウェイを共用する条件下では，100 % の使用効率は実際には実現できない．

情報通信ネットワークでも，ネットワーク資源使用率 100 % に近い状態とは，ほんの少しのトラヒックゆらぎが発生しても，ネットワークが輻輳し，急激にスループットが低下する状態である．輻輳が発生すると，急激にスループットが低下するため，輻輳状態になる以前にトラヒックを制御することが重要である．

る。想定されるトラヒックの瞬間最大値にあわせてネットワーク資源を設計すると，輻輳状態になる確率は小さくなるが，トラヒックが最大になる瞬間が発生する確率はきわめて小さい。通常は，ネットワーク資源の平均的な使用効率が低く経済的でない。ネットワーク資源を，つねに，輻輳状態になる直前のぎりぎりの条件で運用することができれば，最も経済的である。しかし，トラヒックの揺らぎによって輻輳状態になる確率は高くなり，多くの通信が輻輳の影響を受ける。

サービス性（呼損率，待ち時間，使用帯域など）と経済性は相反するので，適切なネットワーク資源量をこれらの両面から，決定することがトラヒック設計の主目的である。

10.2 通信トラヒックと呼量

ユーザの通信要求，あるいはその通信（情報転送）そのものを呼という。

呼の情報量（呼量）を示す単位をアーラン〔erl〕という。例えば，c を1時間当たりの呼発生数，h を平均保留時間とすると，その呼量 a erl は次式で与えられる。

$$a = ch \ \text{〔erl〕} \tag{10.1}$$

すなわち，1回線が運ぶことができる最大呼量は1 erl である。1 erl の呼を1回線で運ぶということは，回線を100％使用することを意味している。

回線使用効率が100％ということは，複数の呼で同一回線が使用されている場合には，発呼要求が，その直前の呼が終了した時点で発生することを意味している。すなわち，新たな呼の発生時点と，その直前の呼の終了時点が一致している場合のみ，回線が100％使用されることになる。

呼の発生は統計的な現象であり，多くの場合ランダムに発生するとみなされる。したがって，実際には回線の使用状態が100％になることはない。

10.3 通信トラヒックモデル

モデルとして，交換機は完全線群をもち，呼はランダムに発生することとする。このような呼は，ポアソン呼（Poisson call）あるいはランダム呼（random call）と呼ばれる。ランダム呼はつぎの三つの条件を備える。

① 呼の発生がたがいに独立である。すなわち，呼の発生はその時点以前の呼の発生とは無関係である（呼生起の独立性，マルコフ性）。

② 観測時間 Δt の間に呼が発生する確率は一定である。すなわち，呼の発生確率に時刻依存性はない（呼生起の定常性）。

③ 観測時間 Δt を小さくとると複数の呼が生起することはない。すなわち，複数の呼がほとんど同時に発生する確率は無視できるほど小さい（呼生起の希少性）。

完全線群とは，すべての入線からの情報は，出線（でせん）が空いている限りすべての出線に接続可能であり，交換機の内部でブロック（閉塞）が発生しないことを意味する。全出線，あるいは，交換機内部が使用されていて接続できない状態を輻輳という。輻輳状態にあるとき，接続をあきらめるシステムを即時系，空きが生じるまで待つシステムを待時系（たいじけい）という。

即時系では，ネットワーク資源が輻輳状態にあるときは新規の呼は受け付けられないで呼損となる。

回線ネットワークのトラヒック設計では呼損率をサービス評価尺度とする。呼損率とは，呼要求数に対してネットワークによって受け付けられた呼の比である。目標呼損率から必要な回線数を決定する。

具体的には，電話サービスの中継回線数の算出根拠は，1時間を単位として観測した連続する24時間のトラヒックで，最大トラヒックを発生する1時間（最繁時間（busy hour，あるいは peak busy hour））において，呼損率を目標値未満に抑えることを設計基準にする。

待時系では，サーバで待ち（queu）が許される。そのため，ネットワーク

資源が輻輳状態にあって，直ちに情報転送が受け付けられない場合には，待ち合わせて，ネットワーク資源が利用可能になった時点で，情報転送サービスを受けることができる。したがって，待時系ネットワークのトラヒック設計では，待ち時間，すなわち遅延，をサービス評価尺度とし，最繁時に相当するトラヒック量に対して必要な待合室数（バッファ容量）を決定する。待ちは，ネットワーク内の転送にかかわるパケット交換機やルータごとに発生する。

通信トラヒックモデルを図 10.2 に示す。呼源から呼がランダムに到着し，待合室にいったん格納される。サーバ（出線）が空きであれば，ただちにサーバで処理され出力ポートから転送される。

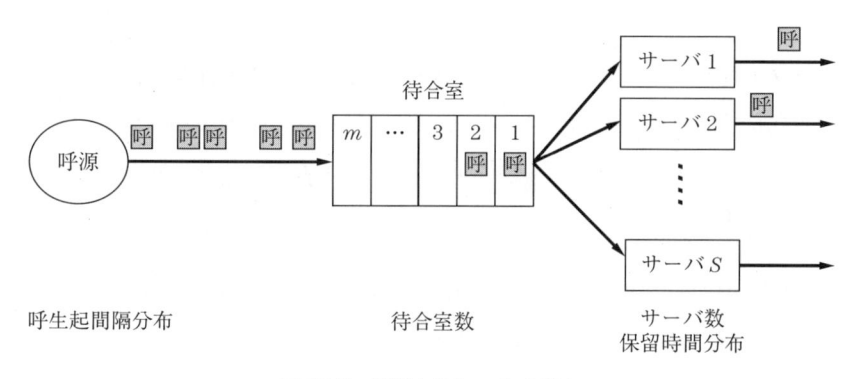

図 10.2 通信トラヒックモデル

即時系では図中の待合室数がゼロの場合であり，サーバが空いてなければ，すなわち，輻輳していれば，呼は受け付けられることなく廃棄される（呼損）。

トラヒック特性は，呼の生起分布とその呼が終了するまでのサーバを保留継続使用する保留時間（サービス時間）に依存する。

トラヒックモデルは，ケンドール表現を用いて表現される。すなわち，生起間隔分布 A，保留時間分布 B，サーバ数 S，待ち呼数の上限 m とするときに，系はつぎのように表現される。

$$A/B/S(m) \tag{10.2}$$

生起間隔分布は，隣り合う呼生起の時間間隔分布，保留時間分布は呼が生起してから終了するまでの時間分布である。電話の保留時間分布例を図 10.3 に

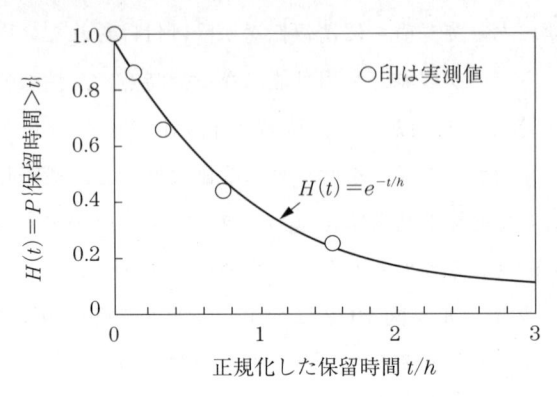

図 10.3　電話の保留時間分布例[1]

示す[1]。

　ランダム生起し，ランダム終了する呼の生起間隔分布と保留時間分布は，指数分布に従うことが知られている。単位時間当たりの呼の平均終了数（サービス率あるいは終了率）を μ，平均保留時間を h とすると，μ は次式で与えられる。

$$\mu = \frac{1}{h} \tag{10.3}$$

呼の保留時間が t 以下になる確率 p［保留時間 $\leqq t$］は次式で与えられる。

$$p[保留時間 \leqq t] = 1 - e^{-t/h} = 1 - e^{-\mu t} \tag{10.4}$$

　電話の保留時間累積分布とそれを近似する指数関数分布を図 10.4 に示す。

　即時系の場合には，交換機の出線（サーバ）がすべて使用中のときには，呼は受け付けられないため，待ち呼数 $m=0$ となる。したがって，即時系である

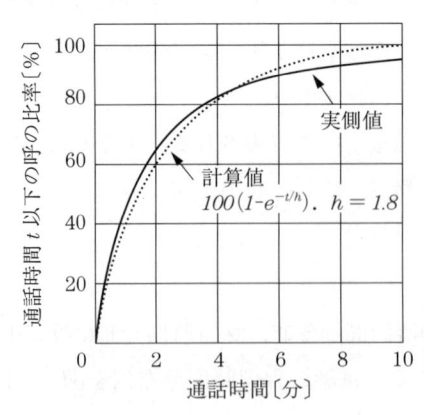

図 10.4　電話の保留時間累積分布と近似する指数関数分布[2]

電話トラヒックモデルは，ケンドール表現によると $M/M/S(0)$ と表現される。

10.4 回線交換ネットワークにおける交換機出回線数

呼の生起間隔は確率分布を持つ。単位時間内に生起する平均呼数は，呼生起率，あるいは，到着率と呼ばれ記号 λ で表現される。生起率 λ が時間に対して一定値をとる場合には，時間 $[0, t]$ に生起する呼数は λt である。この場合は，呼がランダムに生起することを意味する。

時間間隔 t の間に k 個の呼が発生する確率は次式で表される。この呼は，平均 λt のポアソン分布に従うポアソン呼である。

$$p(k, t) = \frac{(\lambda t)^k}{k!} e^{\lambda t} \tag{10.5}$$

加わる呼量を a 〔erl〕とし，保留時間が指数関数分布に従っているとすると，呼損率 B を満足する回線数 S は，つぎのアーラン B 式で与えられる。回線交換ネットワークにおける回線数はサーバ数に等価である。

$$B = \frac{\dfrac{a^S}{S!}}{\sum_{k=0}^{S} \dfrac{a^k}{k!}} \equiv E_S(a) \tag{10.6}$$

ここで，呼損率 B とは ｛(システムに加えられた呼量) − (出線の運ぶ呼量)｝/(システムに加えられた呼量) である。呼損率をパラメタにした場合の出

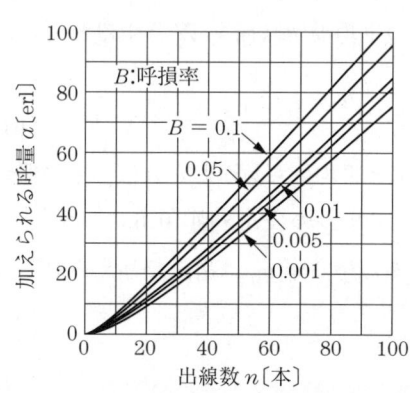

図 10.5　出線数と呼量の関係[3]

線数と呼量の関係を図 10.5 に示す。

10.5　パケット通信のトラヒック設計

パケット通信においては，待ちが許されているため，回線が占有されているだけでは呼損は発生しない。待ち時間がトラヒック設計の基本的なパラメタである。

パケットの損失は，待ちが収容されているバッファ（待合室）のサイズが有限であるため，そのサイズ以上の待ち行列が発生した場合に，そのサイズを超えるパケットは失われる。あるいは，ネットワーク内の転送途中で訂正不可能な符号誤りが発生し，宛先情報が不正確なものとなり，正しい宛先まで届かない場合に発生する。

サーバがすべて占有されている場合に，新たに生起した呼がサービスを受けるまで待ち合わせるモデルを考える。待ち呼数に上限がない（待合室無限大）待時系は，ケンドール表現を用いて，$M/M/S$ モデルと表現される。この系は，「生起分布がランダム/保留時間分布ランダム/サーバ数 S」の無限待合室を持つ系を表している。生起率 λ，終了率（サービス率）μ とする。終了率 μ は，平均保留時間 h を用いて，次式で定義される。

$$\mu = \frac{1}{h} \tag{10.7}$$

平均待ち呼数を L，呼の待合室内の平均滞留時間を W とするとつぎのリトルの公式が成立する。

$$L = \lambda W \tag{10.8}$$

リトルの公式によれば，呼の到着率と平均待ち数がわかれば，平均保留時間を知ることができることを意味する。リトルの公式を図 10.6 に示す[1]。

発生した呼が待合せに入る確率である待ち率 p_W は次式で与えられる。この式はアーラン C 式と呼ばれる。

10.5 パケット通信のトラヒック設計

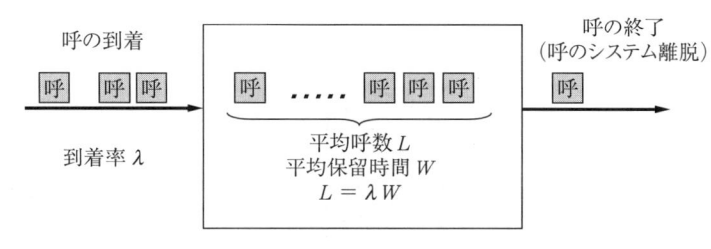

図 10.6 リトルの公式

$$p_W = \sum_{r=S}^{\infty} p_r = \frac{a^S}{S!} \frac{S}{S-a} p_0 = \frac{SE_S(a)}{S-a[1-E_S(a)]} \tag{10.9}$$

平均待ち呼数 L は

$$L = \sum_{r=S}^{\infty}(r-S)p_r = \frac{a^S}{S!} p_0 \sum_{r=0}^{\infty} r\left(\frac{a}{S}\right)^r = \frac{a}{S-a} p_W \tag{10.10}$$

平均待ち時間 W は，リトルの公式より，平均保留時間 h を用いて

$$W = \frac{L}{\lambda} = p_W \frac{h}{S-a} \tag{10.11}$$

したがって，$\rho = \lambda/S\mu = a/S$ とすると

$$\frac{L}{p_W} = \frac{\rho}{1-\rho} \tag{10.12}$$

ここで，ρ はサーバ1台あたりの使用率である。

サーバが1台の場合の $M/M/1$ モデルでは，つぎの基本関係式が得られる。

$$p_W = \rho \tag{10.13}$$

$$L = \frac{\rho^2}{1-\rho} \tag{10.14}$$

$$W = \frac{\rho h}{1-\rho} \tag{10.15}$$

$$\rho = \frac{\lambda}{\mu} \tag{10.16}$$

$M/M/1$ モデルの平均待ち時間を図 10.7 に示す[2]。利用率 ρ が1に漸近するにつれて平均待ち時間が急激に増大することがわかる。

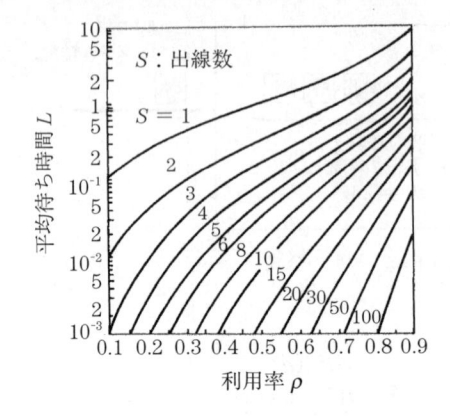

図10.7 M/M/1 モデルの平均待ち時間

10.6 大群化効果と分割損

出線数と出線使用率の関係を図10.8に示す[1]。回線数が多くなるにつれて，1回線あたりの運ぶことができる呼量が増加していることがわかる。この現象は，回線数が多くなると効率が向上することから，大群化効果と呼ばれる。逆に，回線を複数の群に分割すると運べる総呼量は，全回線を一つの群として扱うよりも減少することになる。この現象は分割損と呼ばれる。

パケット通信の場合には，処理速度が $1/\mu$ である高速サーバ1台と，処理

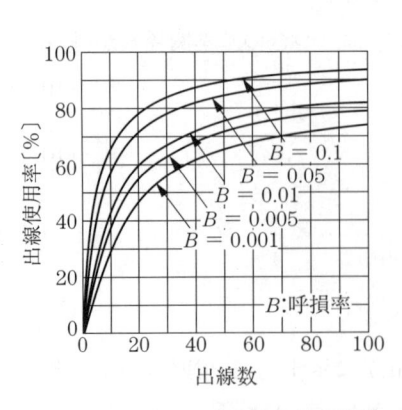

図10.8 出線数と出線使用率の関係

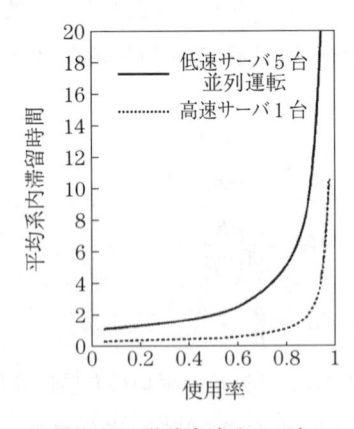

図10.9 単独高速サーバと5台の並列低速サーバの待ち時間特性

速度が $1/S\mu$ であるサーバ S 台の待ち時間性能が大群化効果のモデルである。$S=5$ の場合の単独高速サーバ（処理時間 $1/\mu$）と5台の並列低速サーバ（処理時間 $1/5\mu$）の待ち時間特性を図 10.9 に示す[4]。

パケット通信の待時系の場合も，1台の高速サーバを用いたほうが，複数の低速サーバの並列運転より待ち時間が少ないことがわかる。

11章 VoIP ネットワーク

11.1 IP 電 話

公衆交換電話ネットワーク（PSTN：public switched telephone network）によって提供される電話サービスは，一般加入電話サービスと呼ばれる。PSTNは回線交換ネットワークである。これに対して，パケットネットワークであるIPネットワークによって提供される電話サービスを，IP電話サービス，あるいは，インターネット電話サービスと呼ぶ。

「インターネット電話サービス」は，電話以外の一般的なインターネットア

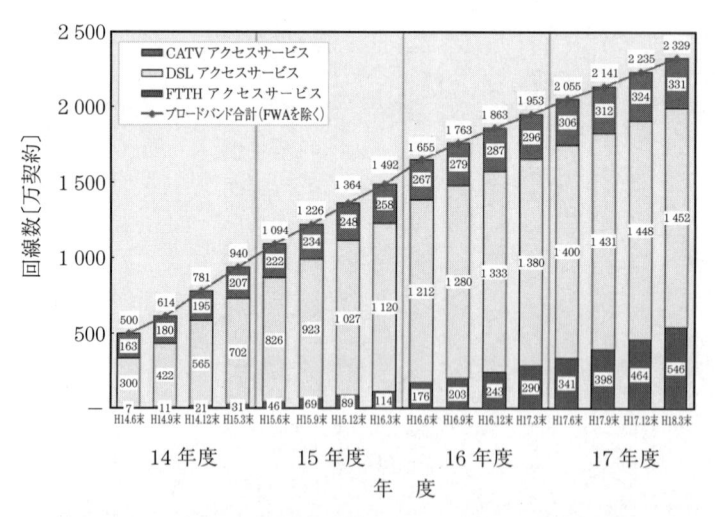

図 11.1 日本のブロードバンドインターネット加入者数の推移

プリケーションを提供する IP ネットワーク，すなわち，インターネットによって提供される音声電話サービス，「IP 電話サービス」はネットワークの一部，あるいは全部において IP プロトコルを利用して提供する音声電話サービスをさす（ITU-T の定義による）。ここでは，総称して IP 電話と呼ぶことにする。

ADSL，ケーブルテレビ，FTTH などのブロードバンドインターネットアクセスにより，音声信号や動画信号などのストリーミング信号の転送が可能になったことにより IP 電話サービスは，普及した。

日本のブロードバンドインターネット加入者数の推移を図 11.1 に，IP 電話

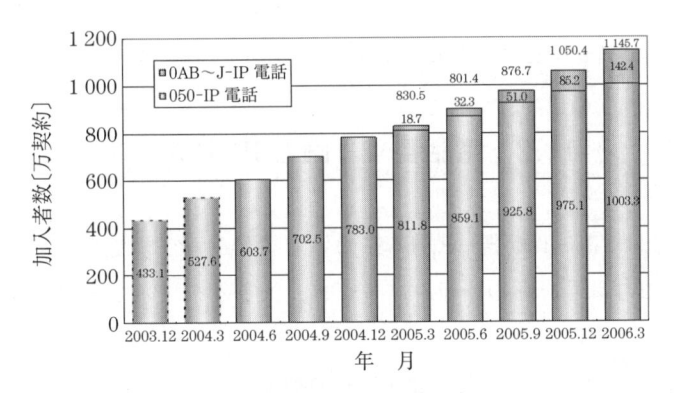

図 11.2　IP 電話の普及状況

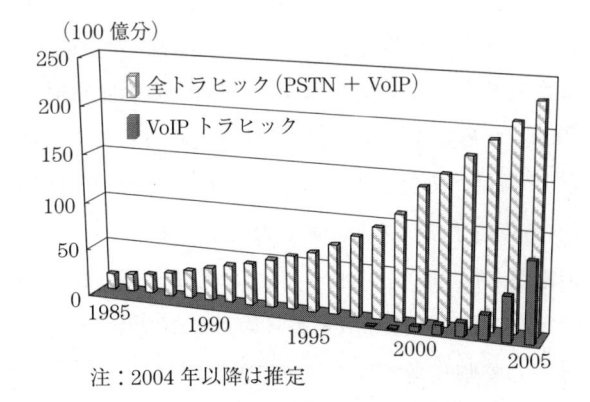

図 11.3　国際電話トラヒックの推移

の普及状況を図11.2に示す[1]。国際電話トラヒックの推移を図11.3に示す[2]。

IP電話は，最初は，Web上の，無料のPC-PC間の電話サービス（1994年，Firetalk, Phonefreeなど）として提供された．その後，商用の電話-PC間の電話サービス（1996年，Net2phone, DialPadなど），あるいは電話-電話間（1997年，Speak4free, I-linkなど）の中継回線にIPネットワークを使用する形態として発展した．

日本のIP電話サービスは，国内・国際中継ネットワークに専用のIPネットワークを使用するIP電話サービスとして1997年から開始された．バナー広告による無料IP電話は，商用サービスより遅く，2000年から開始された．2001年以降，ADSL, FTTH, ケーブルなどのブロードバンドアクセス回線の導入が進み，IP電話サービスが普及している[3]。

11.2 電話番号計画とIPアドレス

電話番号はITU-T勧告 E.164において番号計画が規定されている（1.3節参照）。この番号計画の枠組みに基づき，国番号を除いて各国が番号の割り当てを行っている．

日本では，従来の電話番号体系との整合性や，ユーザにとっての使いやすさなどを考慮し，一般加入電話からIP電話（IPネットワークに直接接続されている端末）にダイヤルするための番号として，「050」から始まる11桁の番号を使用することが定められた．従来は，IP電話から固定電話へ発信のみ可能であったが，「050」から始まる11桁の番号が定められたことにより，制度上は固定電話からIP電話への発信も可能となった[4]。2003年10月より，固定電話からIP電話への着信サービスが開始された．

さらに，固定電話と同等の「0AB〜J」ではじまる番号についても，品質が固定電話並みであること，設置場所と番号の対応が取れていることなどを条件に，IP電話番号として割り当てることができる．

設置場所に関する条件はつぎの理由による．例えば固定電話の緊急通信の場

合，110番通報すると管轄都道府県警察本部に接続される．IP電話の場合には，IPネットワークが都道府県単位の構造をもっていないため，対応がとれていない．設置場所と番号の対応がとれていることが既存の緊急通信で行われている回線保留や呼び戻しの際に必要となる[5]．

11.3 IP電話番号とIPアドレス変換

IP電話の接続形態としては以下の三つがある．
(a) PSTNに接続された固定電話端末同士の通話において，中継部分のみをIPネットワークで置換
(b) IPネットワークに直接接続されたIP電話端末同士の接続
(c) PSTNに接続された固定電話端末とIPネットワークに直接接続されたIP電話端末の相互接続

IP電話の基本接続形態を図11.4に示す．

これらのバリエーションとして，VoIPアダプターを介してIPネットワー

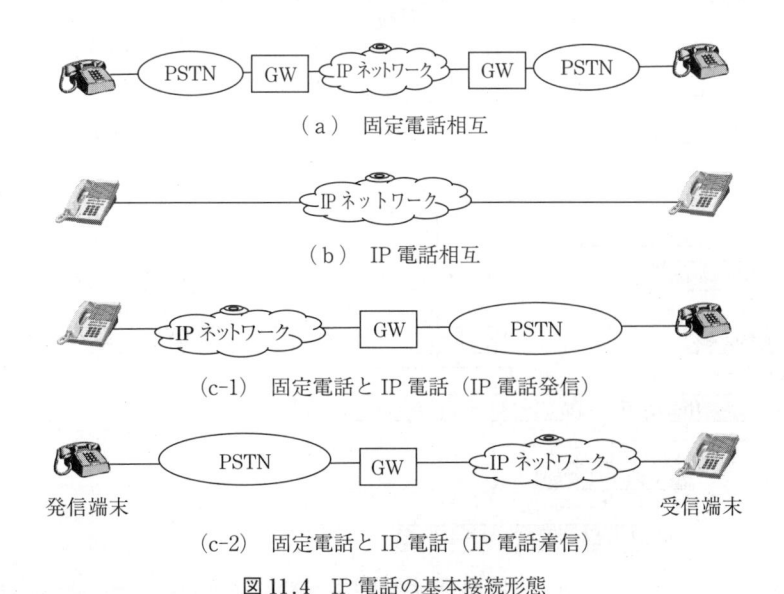

(a) 固定電話相互

(b) IP電話相互

(c-1) 固定電話とIP電話（IP電話発信）

発信端末　　　　　　　　　　　　　　　　　　受信端末
(c-2) 固定電話とIP電話（IP電話着信）

図11.4　IP電話の基本接続形態

11. VoIP ネットワーク

クに接続する固定電話端末を用いる形態もある。

形態（c）の固定電話発信の場合には，IP 電話に電話番号が必要である。この電話番号を基に，IP ネットワーク内をルーチングする必要がある。この目的のためのプロトコルの 1 例として，ENUM（telephone number mapping）がある。

ENUM による固定電話発信 IP 電話着信の場合の動作例を図 11.5 に示す。ENUM サーバが IP 電話番号から ENUM アドレスに変換する。DNS サーバがこの ENUM アドレスを URI（uniform resource identifier，ユニフォームリソース識別子）に変換し，SIP（session initiation protocol）サーバが IP アドレ

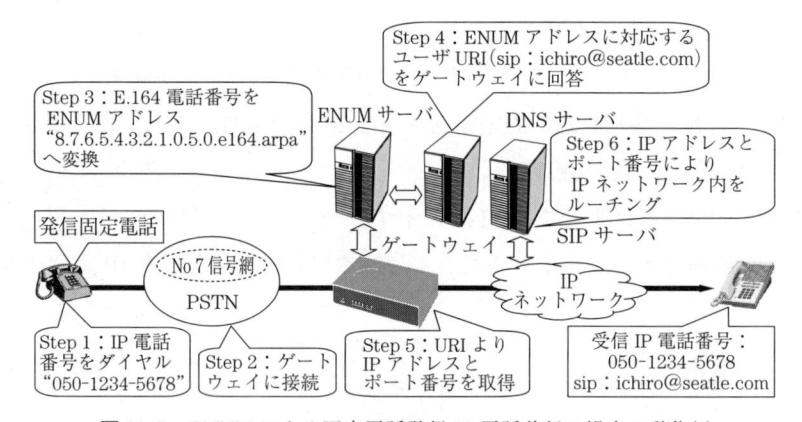

図 11.5　ENUM による固定電話発信 IP 電話着信の場合の動作例

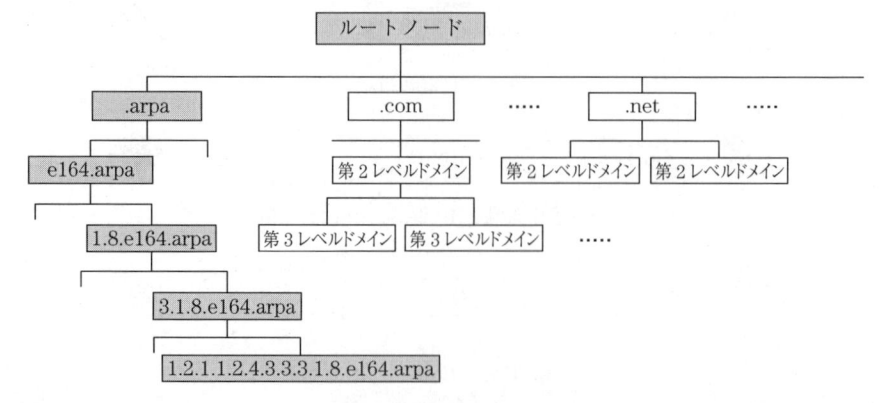

図 11.6　ENUM と DNS

スに変換しIPネットワーク内のルーチング情報として使用する。URIはURL（uniform resource locator）の拡張であり，Web，電子メールアドレス，FAXなどすべてのメディアに使用できる。

IP電話の番号をインターネットで処理可能とするため，ENUMではIP電話専用のトップレベルDNSを規定している。ENUMでは，トップドメインにIP電話専用のラベル「arpa」を使用し，電話番号を，第2レベル以下に，国番号，市外番号，加入者番号の順に並べる。ドメイン名では，電話番号の順序を逆にした記法となる。ENUMとDNSを図11.6に示す。

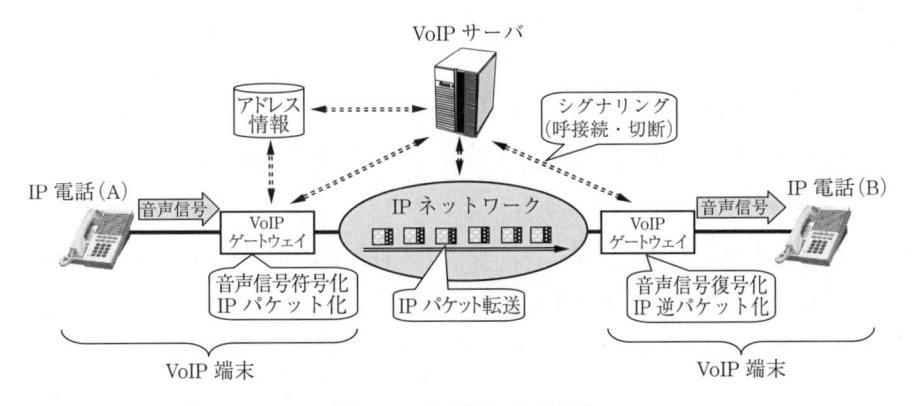

11.4 IP電話の基本構成

IP電話の基本構成要素は，IP電話端末，VoIPゲートウェイ，IPネットワーク，VoIPサーバおよびアドレス情報データベースである。図11.7にIP電話の基本構成を示す。

図11.7 IP電話の基本構成

IP電話は，従来の電話と異なり，サービス実現技術は一通りではない。例えば，IP電話端末とVoIPゲートウェイを統合したものは，直接IPネットワークに接続される。あるいは，アドレス情報をVoIPサーバが保持する構成もあり，またVoIPゲートウェイが保持する場合もある。

呼制御信号も，後述するH.323とSIPがおもに使用されているが，企業ネットワークなどの私設網では，これら以外の呼制御信号も使用されている。

① IP電話　　発呼・切断情報の発信機能を持つ。従来の電話端末が広く使用されている。

② VoIPゲートウェイ　　音声信号のディジタル符号化および復号化，音声ディジタル信号のIPパケット化と逆パケット化による音声ディジタル信号の再合成機能を持つ。①のIP電話機能と統合したVoIP端末として実装することもある。

③ IPネットワーク　　パケット化された音声信号転送とシグナリング情報転送機能を持つ。シグナリング情報転送は情報の正確性に対する要求条件が厳しい。そのためシグナリング情報転送にはTCPが採用されている。音声信号は，リアルタイム性が必須なのでUDPによる転送が行われる。音声以外のアプリケーションが共存する場合には，音声パケットの優先処理などの機能も必要である。

④ VoIPサーバ　　ユーザの電話番号やVoIPゲートウェイ識別アドレス，すなわち，「VoIP端末識別情報」と「IPアドレス，URLなどのIPネットワーク上のアドレス，アプリケーション識別情報」との関係の管理機能と，呼接続，および，呼切断のためのVoIPゲートウェイ制御機能を持つ。

IPネットワークには，ネットワークコネクション，すなわち，回線，が存在しない。また，IP電話では，リアルタイム性の要求からUDPによって転送するためトランスポート層のコネクションも存在しない。したがって，それらに代わるセッションを，回線に擬似して，設定・維持・終了する。

11.5　プロトコルモデル

IP電話は，コネクションレス型IPネットワーク上で，リアルタイムの双方向ストリーミング型連続情報である音声信号を転送する。

リアルタイム性が必要なことから，トランスポート層はUDPを使用し，

11.5 プロトコルモデル

RTP（real-time transport protocol，リアルタイムトランスポートプロトコル）をその上位層に使用する。音声信号転送制御プロトコルは RTCP（RTP control protocol，RTP 制御プロトコル）が一般的に使用される[6]。

① **RTP** RTP は，単独で使用されることはなく，UDP と対で用いられる。データ情報種別（音声や映像など），パケット順序保存およびパケット欠落検知のためのシーケンス番号，実時間性をサポートするためのタイムスタンプ機能を持つ。

② **RTCP** RTCP は，フロー制御を行う。また，セッション情報識別，通信中の定期的なデータ配送情報を送受信端末間で交換する。RTP はフロー制御機能を持たない UDP 上に実装されるために，RTCP のこれらの機能が必要である。

IP 電話のプロトコル基本構成を図 11.8 に示す。

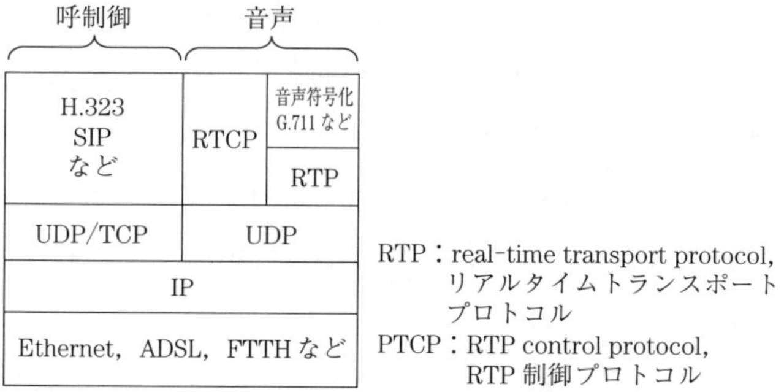

図 11.8 IP 電話のプロトコル基本構成

表 11.1 SIP と H.323 の概要

	目 的	特 徴	仕 様
SIP	インターネット上で IP 電話に関する手順を規定	IP との親和性が高い テキストベース 動作が軽い	IETF RFC3261 (1999/2002)
H.323	ISDN シグナリングをベースに，オーディオビジュアル通信に必要な手順を規定。IP 電話はアプリケーションの一つ	ISDN との親和性が高い バイナリーコード 機能が豊富	ITU-T H.323 (1996/2000)

IP 電話の呼制御プロトコルとして H.323 と SIP がおもに使用されている。H.323 と SIP 間には互換性はない。SIP と H.323 の概要を表 11.1 に示す[7],[8]。

11.6 H.323 制御プロトコル

〔1〕 基本要素と機能

H.323 は電話信号方式をベースに，複数のプロトコルで構成される。H.323 は通常の電話などの 1 対 1 の通信，および，テレビ会議など，多地点通信も提供する。

H.323 の構成要素は，H.323 端末（IP 電話の場合には電話端末），H.323 ゲートウェイ（GW），H.323 ゲートキーパ（GK）である。多地点間通信の場合には，H.323 多地点間通信制御ユニット（MCU）が必要である。

H.323 の呼設定手順は，エンドポイント（エンドノード）の登録，呼受付許可，チャネル設定，宛先エンドポイントの持つ音声符号化プロトコルや，可能なアプリケーションなどの通信能力交換，通話，チャネル解放からなる。

〔2〕 呼 設 定 手 順

H.323 による IP 電話呼設定手順を図 11.9 に示す。

H.323 による IP 電話プロトコルモデルを図 11.10 に示す。また，IP 電話プロトコルの機能を表 11.2 に示す。

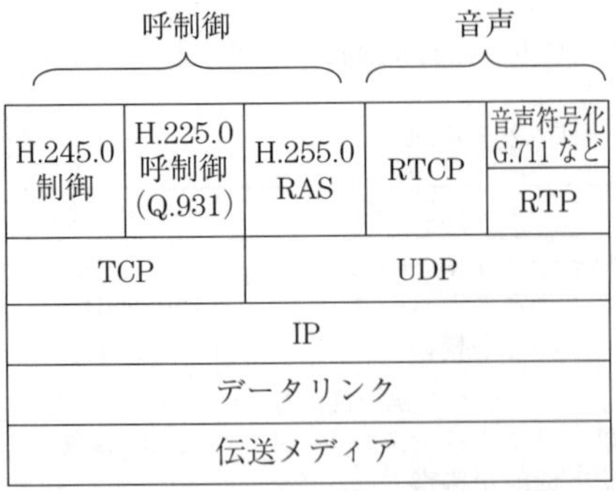

呼制御			音声	
H.245.0 制御	H.225.0 呼制御 (Q.931)	H.255.0 RAS	RTCP	音声符号化 G.711 など
				RTP
TCP		UDP		
IP				
データリンク				
伝送メディア				

RAS：registration admission and status, 登録・通信許可・通信状態

図 11.9 H.323 による IP 電話呼設定手順

11.6 H.323制御プロトコル

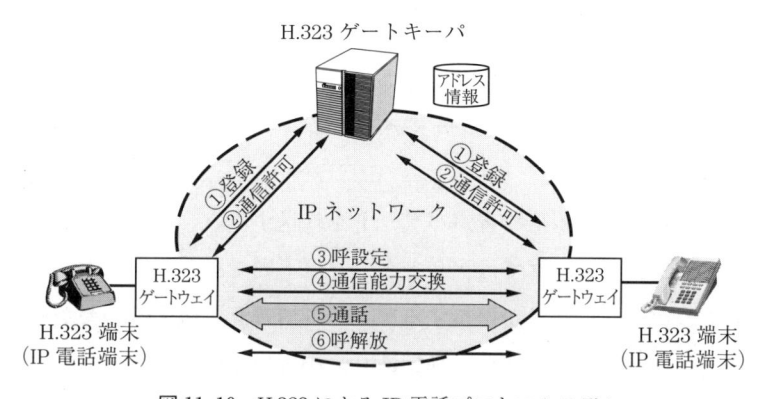

図11.10 H.323によるIP電話プロトコルモデル

表11.2 H.323によるIP電話プロトコルの機能

プロトコル	規定対象	内容	トランスポートプロトコル
H.225.0 RAS制御	ゲートキーパ-端末間の手順	電話番号からIPアドレスへの変換，端末の申告帯域許可など	UDP
H.225.0 呼制御 (Q.931)	端末-端末間の呼接続手順	呼設定，解放手順	TCP
H.245制御	端末-端末間の通信能力交換手順	音声符号化方式，音声パケット送出間隔などの情報を交換	TCP
RTP	端末-端末間の音声（映像）伝達手順	音声（映像）信号パケットフォーマットを規定	UDP
RTCP	端末-端末間の音声（映像）伝達制御	ネットワーク状態把握のための情報の交換手順	UDP

具体的なH.323の呼設定手順には，（1）ダイレクトシグナリング，（2）ゲートキーパダイレクトシグナリング，（3）ゲートキーパ経由シグナリングがある。

（1） ダイレクトシグナリング

H.323ゲートウェイがアドレス情報を保持する。呼設定はH.323ゲートウェイがエンドツーエンド間で行う。手順は以下のとおりである。

① 電話番号をダイヤルすると，ゲートウェイが保持するアドレス情報から宛先のIPアドレスを取得する。

② ゲートウェイは，H.225.0（Q.931）手順により，ゲートウェイ間に呼設定を行う。

③ H.245（パケット多重マルチメディア通信プロトコル）によりロジカルチャネルを設定する。

④ ロジカルチャネル上で音声パケットを転送する。

ダイレクトシグナリングではゲートキーパは不要である。端末の増設の際には，すべてのゲートウェイが保持するアドレス情報を更新する必要がある。ゲートキーパが不要なため設置が容易であり，小規模な用途に適している。

（2） ゲートキーパダイレクトシグナリング

ゲートキーパダイレクトシグナリングでは，アドレス情報を H.323 ゲートキーパが保持する。

エンドポイントが，通信開始に先立って，ゲートキーパにエンドポイントの登録，宛先エンドポイントへの通信許可，宛先エンドポイントが通信中でないかの問合せを，H.225.0 RAS 制御手順に従って行う。

この後の手順はダイレクトシグナリングと同じである。

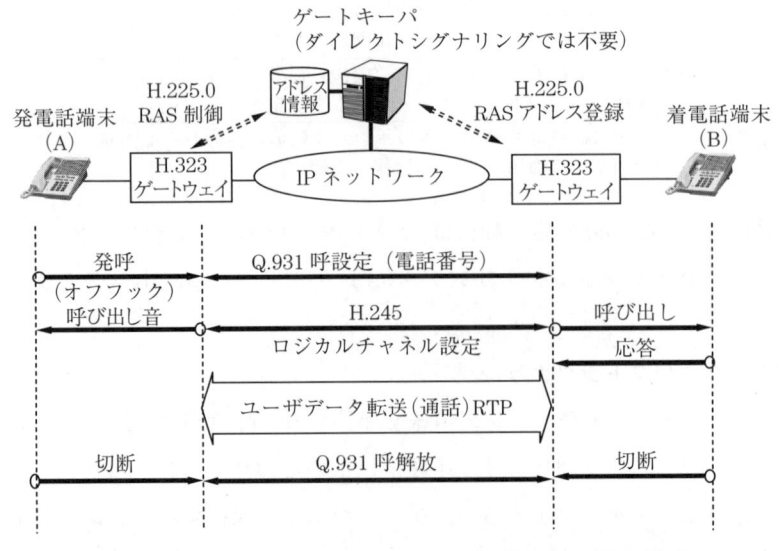

図11.11 ゲートキーパダイレクトシグナリングの呼設定手順

ゲートキーパダイレクトシグナリングの呼設定手順を図 11.11 に示す.

H.323 プロトコルは，電話信号方式をベースに 1 対 1 型および多対地通信型マルチメディア通信のために開発された．したがって，電話サービス以外にも，IP テレビ電話サービスやテレビ会議サービスなどの用途にも使用可能である.

(3) ゲートキーパ経由シグナリング

ゲートキーパ経由シグナリングは，すべての手順にゲートキーパが関与する.

シグナリングに関する機能をゲートキーパが集中管理するため，キャッチフォンなどの付加サービスの提供が可能であるなど，機能拡張に対する柔軟性が大きい.

具体的な手順は，ゲートキーパダイレクトシグナリングと同様である.

11.7 SIP

〔1〕 基本要素と機能

SIP はクライアント・サーバ間のセッション開始のためのプロトコルである[7].

SIP はインターネット技術との親和性が高く，テキストベースで処理が軽く，また，実装が容易などの特長を持っている．日本の IP 電話は，SIP が主流である.

SIP の機能要素は，UA (ユーザエージェント，エンドノード，端末と同じ)，SIP プロキシサーバ，SIP ロケーションサーバである.

SIP プロキシサーバは IP パケットの転送を管理し，SIP ロケーションサーバはアドレス解決を行う．この構造は，インターネットのアプリケーションサーバと DNS が分離している構造と同じ考え方に基づいている.

SIP による IP 電話のプロトコルモデルを図 11.12 に示す.

各プロトコルの機能はつぎのとおりである.

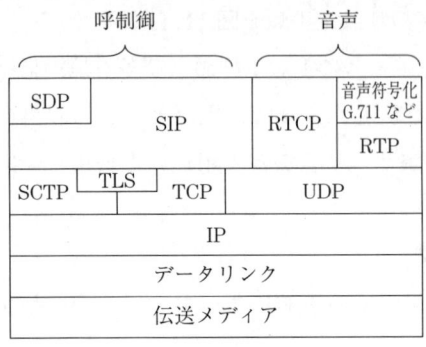

190   11. VoIP ネットワーク

```
         呼制御        音声
       ┌───┴───┐   ┌──┴──┐
  ┌─────┬──────────┬──────┬──────────┐
  │ SDP │          │      │音声符号化│
  │     │   SIP    │ RTCP │G.711 など│
  │     │          │      ├──────────┤
  │     │          │      │   RTP    │
  ├─────┼────┬─────┼──────┴──────────┤
  │SCTP │TLS │ TCP │       UDP       │
  ├─────┴────┴─────┴─────────────────┤
  │                IP                │
  ├──────────────────────────────────┤
  │           データリンク           │
  ├──────────────────────────────────┤
  │           伝送メディア           │
  └──────────────────────────────────┘
```

SDP：session description protocol,
　　　セッション記述プロトコル
SCTP：stream control transmission protocol,
　　　ストリーム制御伝送プロトコル
TLS：transport layer security,
　　　トランスポート層セキュリティ

図 11.12　SIP による IP 電話のプロトコルモデル

・SDP（session description protocol，セッション記述プロトコル）　セッション名，セッション識別子，セッション開始時刻，セッション終了時刻，メディア種別，コーデック種別などを記述するためのプロトコル

・SCTP（stream control transmission protocol，ストリーム制御伝送プロ

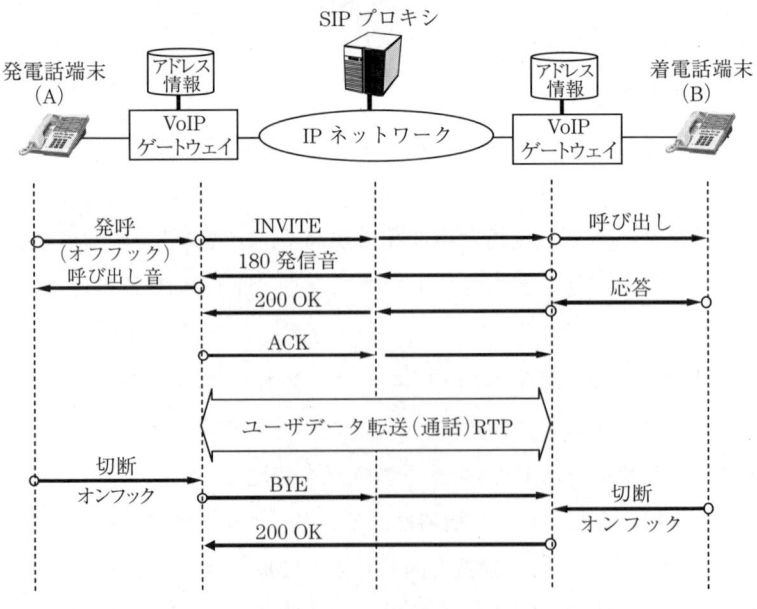

図 11.13　SIP による IP 電話呼設定手順の例

トコル）　TCP よりも信頼性の高いコネクション型プロトコル

・TLS（transport layer security，トランスポート層セキュリティプロトコル）　呼制御で特にセキュリティが必要な場合に指定されているプロトコル

〔2〕呼設定手順

最も単純な構成の SIP による IP 電話呼設定手順の例を図 11.13 に示す。

SIP では，呼設定のための制御機能要素をメソッドとして規定している。基本メソドはつぎのとおりである。

・INVITE　　UA 間のセッション確立
・ACK　　INVITE の最終応答受信確認
・BYE　　セッション終了
・CANCEL　　セッション確立途中の INVITE 終了
・OPTIONS　　UA から他の UA，プロキシサーバへの能力問合せ

表 11.3　URI の例

URL 種別（スキーム）	URL 表記例	表記の内容	RFC
http	http://www.kogakuin.ac.jp/	HTTP	RFC2616
ftp	ftp://ftp.rfc-editor.org/in-notes/rfc3987.txt	ファイル転送プロトコル	RFC959
mailto	mailto:Webmaster@ISO.ORG	ISOC の Web 管理者のメールアドレス	RFC2368
tel	tel:+81-3-1234-5678	電話番号	RFC2806
URN 名前識別子（NID）例	URN 表記例	表記の意味	RFC
ietf	urn:ietf:rfc:3987	IETF RFC3987	RFC2648
isbn	urn:isbn:4-8076-0440-6	書籍：情報通信と標準化-テレコム・インターネット・NGN-	RFC3187

RFC2616：Hypertext Transfer Protocol-HTTP/1.1.
RFC2368：The mailto URL scheme.
RFC2648：A URN Namespace for IETF Documents.
RFC2396：Uniform Resource Identifiers (URI)：Generic Syntax.
RFC959：File Transfer Protocol.
RFC2806：URLs for Telephone Calls.
RFC3187：Using International Standard Book Numbers as Uniform Resource Names.

・REGISTER　　UAの現在位置情報を登録サーバに登録

また，応答としてつぎが規定されている。

・180 発信音　　リクエスト受信および発信音送出中

・200 OK　　リクエスト成功

H.323が電話信号方式をベースに開発されたものであるのに対し，SIPはインターネットをベースに開発された。したがって，インターネットアプリケーションとの親和性がよいため，新しいサービスの可能性がある。SIPでは，URLに代わりURIを規定している。URIは，通信リソースを識別するためのアドレスである。宛先リソースの指定を場所によって行うものがURL，名前によって行うものがURN（uniform resource name）である。URIの例を**表11.3**に示す。URIは電子メールアドレスやWWWのアドレスとしても使用できる。

12章 次世代ネットワーク（NGN）

12.1 NGN の背景と狙い

〔1〕 テレコムネットワークとインターネットの考え方

電話ネットワークは，100年以上の歴史を持ち，黎明期から聞きやすく安定したサービスを提供することを主目的に発展してきた。そのため，例えば，日本電信電話公社（以下電電公社）は独自の信頼性規格（㊧まるこう規格と呼ばれた）を部品レベルまで適用して，システム全体の信頼性を維持した[1]。

電話機（端末）も，加入者が購入するのではなく，電電公社の資産である電話機を加入者宅内に設置し，電話機の機能をも役務サービスとして提供していた。

電話ネットワークの考え方は，「ネットワークがすべての責任を持つ」ということであった。したがって，災害時に商用電力供給が止まっても，非常時の緊急電話のために，電話機は商用電力とは独立の独自の給電をネットワーク側から受けている。

インターネットの考え方は，このような電話ネットワークの考え方とまったく異なる。情報の到達性を最重視し，ネットワークは，ノード（端末）間の情報転送に専念し，責任はネットワーク側に期待せず，「エンドノードがすべての責任を持つ」というものである。したがって，ネットワークはエンドノードの要求に応えることだけが期待されるだけである。この考え方を「スチューピッドネットワーク」，という。換言すれば「責任を持たないネットワーク」，す

なわち,「ベストエフォートネットワーク」である.

テレコムを同様に表現すれば「スチューピッドエンドノード」, すなわち, エンドノードは高度な処理を行わず, 必要があればネットワークが面倒を見る「エンドノードは責任を持たない」ネットワークである.

テレコムは「ネットワーク原則」, インターネットは「エンド-エンド原則」と表現することにする.

ネットワーク原則によれば, すべての機器がネットワークの支配下にあるため, 信頼性や安定性などの設計が容易である. 反面, ユーザ端末もネットワークの管理下にあるため, サービスの高度化などに対して動きが重くなる傾向がある.

エンド-エンド原則によれば, 高度な処理はすべてエンドノードが行う. ネットワークには情報の基本的な転送のみを期待し, アプリケーションはすべてエンドノードであるアプリケーションサーバ側で提供する. したがって, アプリケーションの高度化は容易である.

インターネットが実験ネットワークとして, ユーザが大学や企業の研究所などに限定されていた時代から, 商用サービスとして一般ユーザにまで拡大し, 現在に至っている. 本来は, 限定されたユーザを対象としているネットワークであるため, ユーザの振舞いにはネットワーク使用上の規律が期待されている. これはネチケットと呼ばれる. ネットワーク使用上のエチケットを故意に無視する, 悪意のユーザによるネットワークへの攻撃に対してもろい.

エンド-エンド原則では, ネットワークはエンドノードが発出するパケットを宛先ノードまで転送することが期待されるだけであるから, ネットワークの透過性は高いほど良い. しかし, ウィルスやスパムメール, スパイウェアあるいはサーバ攻撃などさまざまな悪意のある攻撃に対処するために, ファイアウォールなどを導入し, 実際にはネットワークの透過性は失なわれている.

ネットワーク原則は, ユーザ端末を解放しアプリケーションの高度化などに柔軟に対応することを選択し, エンド-エンド原則は, QoS保証型のアプリケーション提供のために, フロー制御などネットワークにも制御機構を組み込むこ

12.1 NGNの背景と狙い

```
電話ネットワーク                              インターネット
┌─────────────────┐                    ┌─────────────────┐
│ ネットワーク原則  │                    │ エンドツーエンド原則│
│ 情報転送の責任は  │                    │ 情報転送の責任は  │
│ ネットワークが担う│                    │ エンドノードが担う│
└─────────────────┘                    └─────────────────┘

┌─────────────────┐   ┌──────────┐    ┌─────────────────┐
│ ユーザは端末を   │──→│通信端末解放│←──│ ユーザ端末を     │
│ 保有しない       │   └──────────┘    │ 信頼する         │
└─────────────────┘                    └─────────────────┘
┌─────────────────┐   ┌──────────────┐┌─────────────────┐
│ ネットワークは   │──→│フロー制御, RSVP│←│ ネットワークは   │
│ ステートフル     │   │MPLS, DiffServe││ ステートレス     │
└─────────────────┘   └──────────────┘└─────────────────┘
┌─────────────────┐   ┌──────────┐    ┌─────────────────┐
│ ネットワークは   │──→│   ADSL    │←──│ ネットワークは   │
│ QoSを保証する    │   └──────────┘    │ QoSを保証しない  │
└─────────────────┘                    └─────────────────┘
┌─────────────────┐   ┌──────────────┐┌─────────────────┐
│ ネットワークは   │──→│PROXY, NAT,    │←│ ネットワークは   │
│ 非透過的         │   │ファイアウォール││ 透過的           │
└─────────────────┘   │   ISDN        │└─────────────────┘
                      └──────────────┘
```

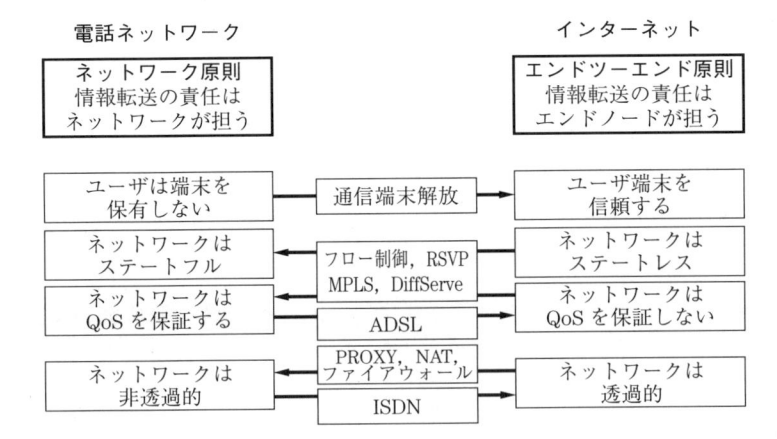

図 12.1 電話ネットワークとインターネットの考え方

とを選択した．電話ネットワークとインターネットの考え方を図 12.1 に示す．

〔2〕 テレコムネットワークとインターネットから NGN へ

1990 年代半ばまでは，電話サービスを中心として発展してきたテレコムネットワークと，ホストコンピュータを情報通信端末とするインターネットとは，ほぼ独立に発展してきた．

ディジタル技術の進歩により，テレコムネットワークがダイヤルアップによるインターネットアクセスを提供し，ブロードバンドインターネットアクセスの普及により，インターネットは電話音声や動画像などのリアルタイム型およびストリーミング型情報サービスの提供が可能となった．

テレコムネットワークは，コネクション型ネットワークをベースにしているため，品質が保証され，信頼性も高い．通信料金は使用量に対して課金される従量制が一般的である．これに対して，インターネットは，コネクションレス型パケットネットワークであり，品質保証は困難であるが，使用量に無関係に一定の通信料金を設定する定額制が一般的である．

コネクション型回線ネットワークは，通信品質は保証され信頼性が高い．一方，コネクションレス型パケットネットワークは品質の保証はされないが，パケットの高速処理が可能であればストリーミング型の連続情報の転送も可能であり，さらに，さまざまな帯域とさまざまな通信モードの提供が可能であるた

め，柔軟性に優れている。

ブロードバンドインターネットでは，音声，動画像，テキスト，データなどのさまざまなナローバンドおよびブロードバンド情報メディアをストリーミング型，会話型，検索型などの通信形態で柔軟に提供する。一方，テレコムネットワークは，リアルタイムで品質保証された高信頼の通信サービスを提供する。

電話ネットワークとインターネットからNGNへの統合発展経緯を図12.2に示す。

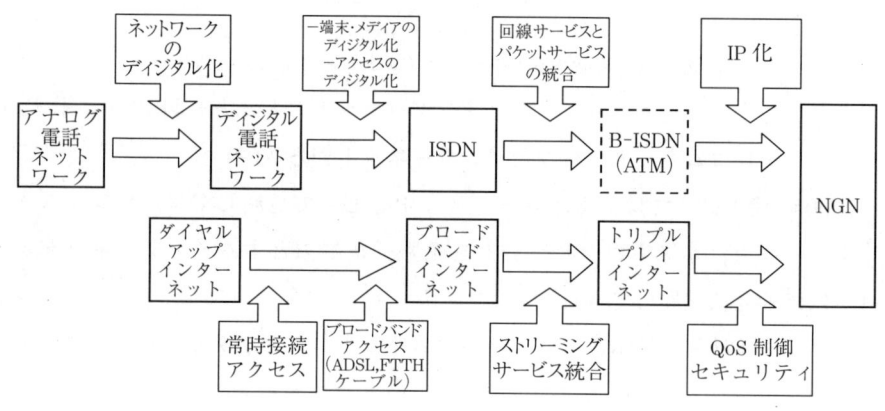

図12.2 電話ネットワークとインターネットからNGNへ

ブロードバンドサービスを除くと，電話ネットワークとインターネットの提供するサービスに大きな違いはない。

電話ネットワークとインターネットのネットワークの展開とアプリケーションの発展を図12.3に示す。

〔3〕 NGNの狙い

NGNは，テレコムネットワークと同様に，品質制御が可能であり，かつ，インターネットの柔軟性を兼ね備えたネットワークとして構想された[2],[3]。

また，有線ネットワークと無線ネットワークを統合（FMC：fixed mobile convergence）し，かつ，携帯電話よりも広い意味で移動性とローミングを提供する。すなわち，水平方向のローミングとともに，垂直方向のローミングを

12.1 NGNの背景と狙い

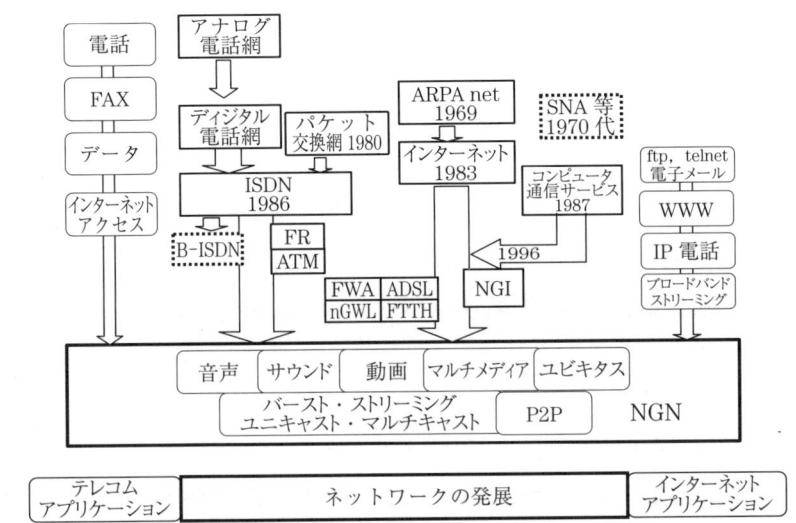

FR : frame relay, FWA : fixed wireless access, nGWL : n-th generation wireless,
B-ISDN : broadband aspects of ISDN, NGI : next generation Internet

図 12.3 ネットワークの展開とアプリケーションの発展

可能とするものである。

　水平方向のローミングとは，同じ種類のネットワーク間を渡ることを意味する。すなわち，携帯電話事業者 A のネットワークから同様なサービスを提供している携帯電話事業者 B のネットワークに移動しても通信を継続可能とするもの。あるいは，国をまたがって同様に通信を可能とすることをいう。垂直方向のローミングとは，企業内の内線電話端末を企業外で使用するときは通常の携帯電話として使用可能であり，無線 LAN によるアクセスが可能な場合には，その無線 LAN を経由して，通信を可能とすることを意味する。すなわち，異種のネットワーク間の渡りを可能とする。

　つまり，NGN の目的は，ブロードバンドで，QoS 制御可能で，現存するあらゆる情報通信サービスを提供することであり，かつ，将来に想定されるサービスの提供も可能とする，発展的な情報通信プラットホームの実現である[3]。

　NGN の狙いは，さまざまなサービスを，単一のコンセプトに基づくネットワークプラットホームで提供することであるが，ネットワーク事業者の視点か

らの利点は以下のとおりである。
① 電話ネットワークの IP 化により，建設コストを節減できる。また，単一プラットホームにすることにより，柔軟なネットワーク運用が可能となり，ネットワーク運用コストも削減できる。
② 情報通信サービスは，現状では，電話が主流であるが，今後のブロードバンド・ユビキタス通信サービスへの移行と発展に対応可能である。
③ 移動通信と固定通信の融合（FMC）と，電話サービス，インターネットサービス，放送サービスの，いわゆる，トリプルプレイサービスを提供することが可能である。

ユーザの視点からの利点は以下のとおりである。
① 従来の携帯電話の利便性を超える，より汎用的な移動性を持つ電話サービスを享受できる。すなわち，携帯電話と固定電話間の自由なローミング，国際・国内ローミングなど，どこでもいつでも使用できる電話サービスが可能となる。
② 単一のネットワークアクセスから，電話サービス，インターネットサービス，放送サービスの，いわゆるトリプルサービスを享受できる。
③ テレビ電話や遠隔医療などのブロードバンドサービスや IC タグ（RFID）によるユビキタス通信サービスが享受できる。

12.2　NGN の段階的発展

　NGN は，現存する情報通信サービスと今後開発される情報通信サービスを，単一プラットホームで提供することを目的としている。既存のネットワークを一挙に NGN へ置き換えることは困難であるため，NGN を 3 段階のステップで発展させる。すなわち，提供サービスを，リリース 1〜3 の 3 段階で拡大する段階的アプローチをとる。NGN 仕様のリリースを図 12.4 に示す。
　〔1〕 リリース 1
　リリース 1 は，つぎに示す，現在，提供されているテレコムサービスとイン

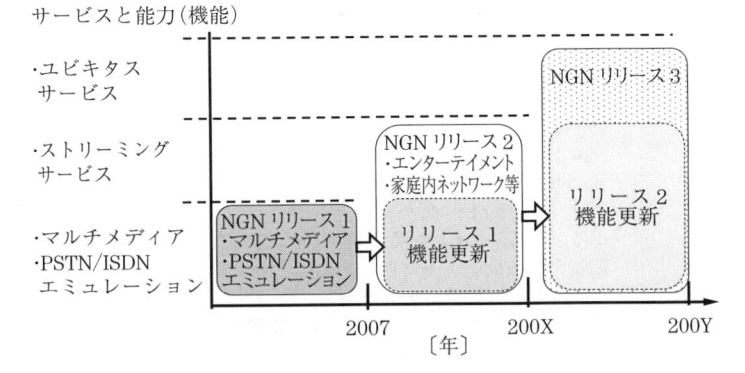

図12.4 NGN 仕様のリリース

ターネットサービスのすべてを提供する[4]。

① マルチメディアサービス
② PSTN/ISDN エミュレーションサービスあるいは PSTN/ISDN シミュレーションサービス
③ インターネットアクセス
④ 公衆サービス
⑤ その他のサービス

エミュレーションサービスは同等なサービスを意味し，シミュレーションサービスはほぼ同等のサービスを意味する。表12.1 に NGN リリース１の提供サービスの詳細を示す。

〔2〕 リリース２

リリース２においては，マルチキャストストリーミングサービスや IPTV などのエンタテインメント系サービス，ユーザ宅内のホームネットワークとのシームレスな接続，RFID を用いたタグサービスなどのサービスが提供される[5]。

〔3〕 リリース３

リリース３においては，ユビキタスサービスを提供し，情報インフラストラクチャとしてすべてのサービスを提供する。

12. 次世代ネットワーク (NGN)

表12.1 NGNリリース1の提供サービス

サービスタイプ	概　　要
マルチメディアサービス	・リアルタイム会話型音声サービス（既存の固定電話ネットワークや移動ネットワークとの相互運用可能） ・プレゼンス/通知サービス ・メッセージングサービス（IM, SMS, MMSなど） ・プッシュツートーク ・ポイントツーポイント双方向マルチメディアサービス（テレビ電話など） ・協調型双方向コミュニケーションサービス（ファイル共有・アプリケーション共有機能付テレビ会議，e-ラーニングなど） ・コンテンツデリバリーサービス（映像などのストリーミング，VOD，MODなど） ・プッシュ型サービス ・ブロードキャスト/マルチキャストサービス ・企業向けホスティングおよびトランジットサービス（IPセントレックスなど） ・情報サービス（高速道路交通情報など） ・ロケーションサービス ・3GPPリリース6/3GPPリリースA OSA（open service access）ベースサービス
PSTN/ISDNエミュレーションサービス	・PSTN/ISDNと同等なサービスとインタフェースを，IPインフラを用いて提供するサービス
PSTN/ISDNシミュレーションサービス	・PSTN/ISDNと類似サービスを，IP上のセッション制御を用いて提供するサービス
インターネットアクセス	・従来のインターネットアクセスを提供するサービス
他のサービス	・VPNサービス ・データ検索アプリケーション（tele-softwareなど） ・データコミュニケーションサービス（ファイル転送，Webブラウジングなど） ・オンラインアプリケーション（オンライン販売，e-コマースなど） ・センサネットワークサービス ・リモート制御/tele-actionサービス（ホームアプリケーション制御，テレメトリー，警報など） ・OTN（over-the-network）デバイス管理
公衆サービス	・通信傍受 ・緊急通信 ・障害者サポート ・ネットワーク/サービスプロバイダ選択 ・特定着信拒否 ・悪意呼追跡 ・ユーザ識別子提供

12.3 NGNの概要と基本構造

〔1〕 NGNとインテリジェントネットワーク

　NGNの基本転送機能は，サービス提供に柔軟性を持たせるためにIPをベースとするパケット転送機能とする。さらに，インターネットではIP転送機能とアプリケーション機能が必ずしも独立ではなかったが，NGNでは，QoS制御を可能とするため，転送機能とサービス関連機能とは独立とする。NGNにおけるトランスポート機能と，サービス関連機能との分離構造を図12.5に示す[6]。

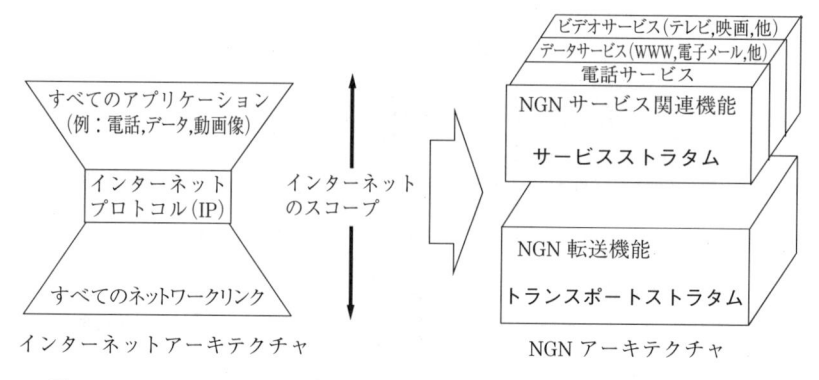

図12.5　NGNにおけるトランポート機能とサービス関連機能との分離構造[6]

　転送機能をつかさどる機能群は，トランスポートストラタム，サービス関連機能はサービスストラタムと呼ばれる。ストラタムはレイヤと同義語であり，階層を意味する。しかし，OSIの7階層モデルのレイヤ（階層）概念とは一致しないため，特にストラタムと呼ばれる。

　インテリジェントネットワーク（IN: intelligent network）は，転送機能とサービス制御機能を分離することにより，新サービスの提供を迅速に，かつ容易にすることなどを目的とし，電話ネットワークに導入された。

　インテリジェントネットワークのアーキテクチャは，加入者線交換機間のシ

グナリング情報転送は共通線信号ネットワークを用い，交換機の接続制御はネットワーク共通のサービス制御機能（SCP：service control point）が行う。個々の交換機は，インテリジェントネットワークでは，SCPからの制御により経路制御のみに専念するSSP（service switching point，サービス交換機能）として機能する。すなわち，インテリジェントネットワークは，電話ネットワークをネットワーク内共通のサービス制御機能と，電話基本サービスのみを提供するトランスポート機能に分離したものである。インテリジェントネットワークの構成例を，図12.6に示す。この機能分離によって，サービス制御機能のソフトウェアを容易に追加でき，新規サービスの迅速な追加提供（service creation）を可能にしたものである。

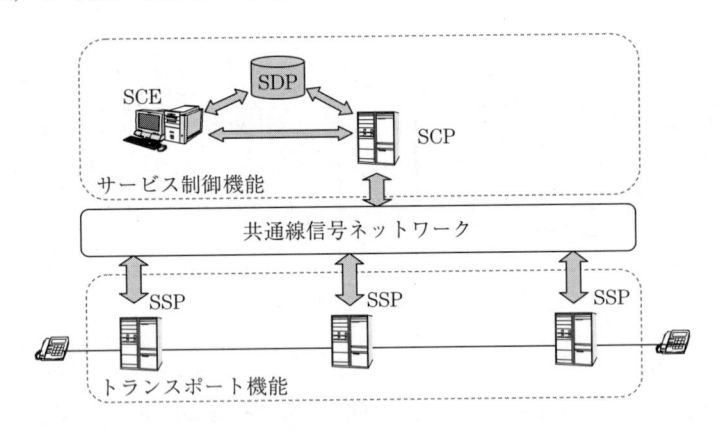

SSP：service switching point，サービス交換機能，
SDP：service data point，サービスデータ機能，
SCP：service control point，サービス制御機能，
SCE：service creation environment，サービス生産環境

図12.6 インテリジェントネットワークの構成例

例えばフリーダイヤルサービスを新たに提供するためには，SCPにフリーダイヤルの番号翻訳機能を実装し，全国規模で新サービスを迅速に導入することが可能となる。

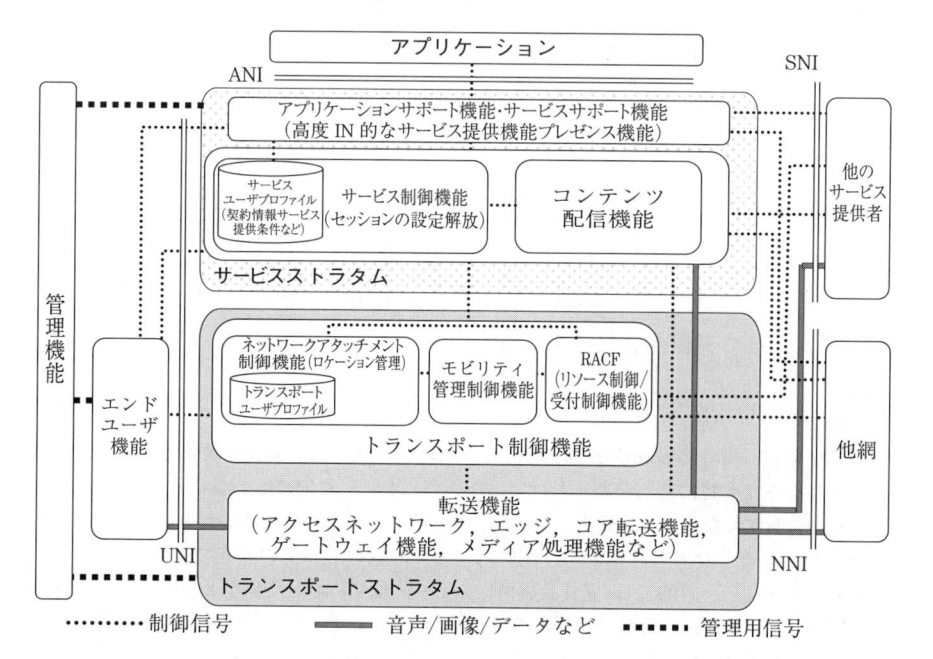

12.4 NGN アーキテクチャ

NGN アーキテクチャを図 12.7 に示す[7]。NGN のトランスポートストラタムとサービスストラタムの分離は，インテリジェントネットワークのサービス制御機能とトランスポート機能の分離概念に近い。

NGN の基本機能ブロックは，トランスポートストラタム，サービスストラタムからなり，UNI，NNI（network to network interface），ANI（application network interface），SNI（service network interface）の四つのインタフェースが定義される。

- UNI　　エンドユーザ機能（端末）と NGN のインタフェース
- NNI　　他のネットワーク（他の NGN および NGN 以外のネットワーク）とのインタフェース
- ANI　　アプリケーションとサービスストラタムとのインタフェース
- SNI　　他のサービス提供者とのインタフェース

図 12.7　NGN アーキテクチャ

ANIは，IP電話，プレゼンスサービスやテレビ会議などのアプリケーションを提供するサーバ群とNGNとのインタフェースである。エンドユーザ機能は，端末あるいはユーザ宅内LANなどに接続された端末群をさす。

ANIは，NGNと制御信号のやり取りのみをサポートするのに対して，SNIは制御信号および音声/画像/データなどのメディア信号のやり取りをサポートする。

国によって異なる情報通信の規制にかかわらない技術仕様を可能とすることが，NGNのアーキテクチャへの要求条件のひとつである。そのために，アクセスは，ネットワークアクセスとサービスアクセスを独立とした。それぞれのアクセスは複数の競合プロバイダが提供する。ユーザはプロバイダを自由に選択しアクセスする。

また，NGNのアクセスは，固定有線アクセスと無線アクセスの双方を自由に往き来できる汎用移動性（versatile mobility）を提供する。

ICタグ(RFID)などを端末とする，ユビキタス通信の提供も可能とする。すなわち，NGNはセンサネットワークとしての機能も持つ。

〔1〕 トランスポートストラタム

① トランスポート制御機能　　転送系を管理し，転送資源の空き状況に応じて，通信の受付可否判断を行う資源・受付制御機能（RACF：resource and admission control function）と，端末の認証およびアドレス割り付けなどを実行するネットワークアタッチメント機能がある[8]。

インターネットが通信品質制御・管理を行わないのに対して，NGNは，RACFによって通信品質保証を行う。

勧　　告

ITU勧告（ITU Recommendation）は，その名のとおり「お勧め」であり，この規定に従わなくても特に罰則があるわけではない。しかし，規定に従わないということは，世界の少数派になること，勧告に準拠している機器との相互互換性などを満足しない可能性があることなどの理由から，実質的には「お勧め」以上の存在である。さらに，WTO/TBT協定（1995，世界貿易機構）により，貿易において障壁となる非標準仕様を排除し，国際交易の対象は世界標準に従うことがうたわれて以来，公的な標準の地位はさらに堅固なものとなった。

② **転送制御機能**　アクセスネットワーク機能は，端末とコアネットワークとの接続機能を提供する（5.1節参照）。

エッジ機能は，コアネットワークのエッジにおいて，IPパケットのコアネットワーク内への流入可否を判断する。

コア転送機能は，通信相手端末までの経路選択および情報転送を担う。

ゲートウェイ機能は，PSTNおよび他のNGNを含むすべての他のネットワークとの相互接続を提供する。

メディア処理機能は，ネットワークから端末へ向けて，必要な音声情報（音声アナウンス，音声ガイダンス），会議型通信の音声ブリッジ機能などのメディア処理を実行する。

③ **トランスポートユーザプロファイル**　トランスポートサービスのユーザの登録・抹消管理，利用可能なサービスリスト，サービス利用条件などのユーザデータベースである。

〔2〕 **サービスストラタム**

① **サービス制御機能**　セッション設定・解放機能を提供する。SIPサーバが実現例である。

② **アプリケーションサポート機能・サービスサポート機能**　インテリジェントネットワーク的なサービスおよびプレゼンスサービスを提供する。

③ **サービスユーザプロファイル**　ユーザの加入サービスの契約条件，サービス提供条件などのユーザ管理のためのサービスにかかわるデータベースである。

12.5　NGNの構成例

サービス制御機能の実例としてIMS（IP multimedia subsystem）がある。IMSは，もともと，第3世代携帯電話（3GPP, third generation partnership project）におけるマルチメディア通信提供のためのシステムである。このIMSをNGNに適合するように，機能拡張を図ったものである。

12. 次世代ネットワーク (NGN)

　IMSをベースとするNGNの構成例を図12.8に示す。IMSは，S-CSCF (serving-CSCF), I-CSCF (interrogating-CSCF), P-CSCF (proxy-CSCF) と呼ばれるCSCF (call session control function, 呼セッション制御機能) SIPサーバ群から構成される。

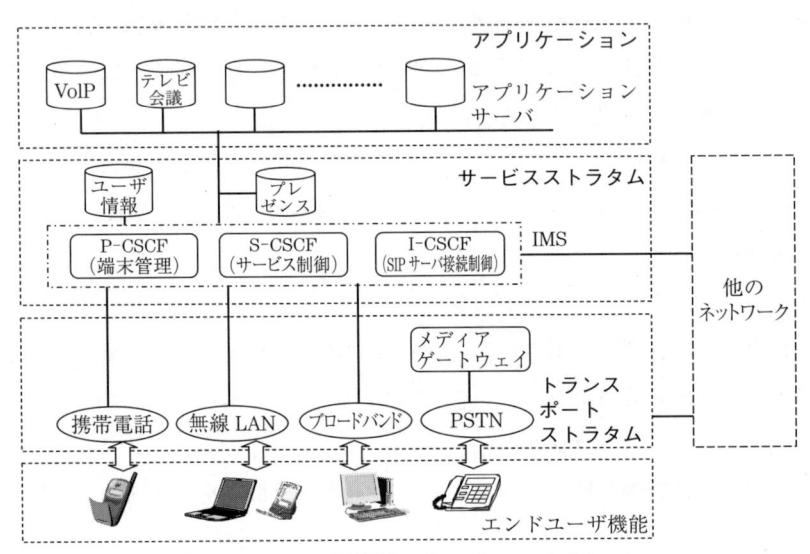

IMS：IP multimedia subsystems, CSCF：call session control function,
S-CSCF：serving-CSCF, I-CSCF：interrogating-CSCF,
P-CSCF：proxy-CSCF, PSTN：public switched telephone network

図12.8　IMSをベースとするNGNの構成例

　S-CSCFは，サービスを提供する中心的なサーバであり，ユーザ認証を行う。また，サービスを提供するアプリケーションサーバへメッセージを転送する。

　I-CSCFは，ユーザがIMSに登録する際につぎに述べるP-CSCFからSIP登録メッセージを受信して適切なS-CSCFへルーチングする機能を提供する。

　P-CSCFは，ユーザ端末と直接メッセージをやりとりするSIPサーバである。

引用・参考文献

本書全般にわたる文献
1) A.S. タネンバウム：コンピュータネットワーク（第4版），日経BP（2003）
2) 五嶋一彦：情報通信網，朝倉書店（1999）
3) 淺谷耕一監修：情報通信と標準化-テレコム，インターネット，NGN-，電気通信振興会（2006）
4) 映像情報メディア学会編：ネットワーク技術-基本からブロードバンドまで-，オーム社（2002）
5) 川島幸之助，宮保憲治，増田悦夫：最新コンピュータネットワーク技術の基礎，電気通信協会（2003）
6) インターネット，全6巻，岩波書店（2001）
7) ラディア・パールマン：インターコネクションズ（第2版），翔泳社（2001）

1 章

1) http://www.media.kyoto-u.ac.jp/about/pdf/accms_history.pdf
2) 依田高典：ネットワーク・エコノミクス，日本評論社（2001）
3) Gordon E. Moore : Cramming more components onto integrated circuits, Electronics, **38**, 8（1965）
4) http://accc.riken.go.jp/HPC/HimenoBMT/himenobmtressmall1.pdf
5) Wynn Quon : Behold, the God Box, Less's Law : The cost of storage is falling by half every 12 months, while capacity doubles, National Post Online（2004），http://www.legadoassociates.com/behold.htm
6) B. Briscoe, A. Odlyzko, and B. Tilly : Metcalfe's Law is Wrong, IEEE Spectrum, pp. 26〜31（2006）
7) 例えば，David P. Reed : The Sneaky Exponential, http://www.reed.com/Papers/GFN/reedslaw.html
8) http://www.murphys-laws.com/
9) ITU-T 勧告 X.200/ISO/IEC7498-1 : Information technology-Open Systems Interconnection-Basic Reference Model : The basic model（1994）
10) CiscoSystems : Interworking Technology Handbook, IBM System Network

Architecture (SNA) Protocols
http://www.cisco.com/univercd/cc/td/doc/cisintwk/ito_doc/ibmsna.htm

2 章

1) ITU-T 勧告 X.25 : Interface between Data Terminal Equipment (DTE) and Data Circuit-terminating Equipment (DCE) for terminals operating in the packet mode and connected to public data networks by dedicated circuit
2) K. Asatani et al : Introduction to ATM Networks and B-ISDN, John Wiley & Sons (1997)
3) 寺西昇,北村隆:ディジタル網の伝送施設設計,電気通信協会 (1984)

3 章

1) ベル電話研究所:伝送システム,第25章伝送端局,ラティス (1971)
2) ITU-T 勧告 G.711 : Pulse code modulation (PCM) of voice frequencies (1972)
3) J. Davidson and J. Peters : Voice Over IP Fundamentals, Cisco Press (2000)
4) ISO/IEC IS10918-1/ITU-T Recommendation T. 81 : Information technology-Digital compression and coding of continuous-tone still images-Requirements and guidelines (1992)
5) ISO/IEC15444-1/ITU-T 勧告 T.800 : Information technology-JPEG 2000 image coding system, Core coding system (2002)

4 章

1) http://www.tele.soumu.go.jp/search/myuse/summary.htm
2) 柳井久義監修:光通信ハンドブック,朝倉書店 (1982)
3) http://www.bellsystemmemorial.com/images/pc-prattks.jpg

5 章

1) ITU-T 勧告 G. 902 : Framework Recommendation on Functional Access Networks (AN)-Architecture and Functions, Access Types, Management and Service Node Aspects (1995)
2) ITU-T 勧告 G. 992. 1 : Asymmetric digital subscriber line (ADSL) transceivers (1999)
3) ITU-T 勧告 G. 992. 2 : Splitterless asymmetric digital subscriber line (ADSL) transceivers (2002)
4) M.Sorbara et al. : Interface Specification Recommendation for Carrierless AM/PM (CAP) Based Rate Adaptive Digital Subscriber Line (RADSL) Circuits-

Baseline Text Proposal, ANSI T1E1/97〜228（1997）
5) http://www.bspeedtest.jp/stat1_1.html
6) 福富秀雄：電気通信線路技術，電気通信協会（1977）
7) ITU-T 勧告 G.993.1：Very high speed Digital Subscriber Line Transceiver（2004）
8) ITU-T 勧告 G.991.1：High bit rate Digital Subscriber Line（HDSL）transceivers（1998）
9) ITU-T 勧告 G.991.2：Single-Pair High-Speed Digital Subscriber Line（SHDSL）transceivers（2001，改定 2003）
10) ITU-T 勧告 G.983.1：Broadband optical access systems based on Passive Optical Networks（PON）（1998，改定 2005）
11) ITU-T 勧告 G.984.1：Gigabit-capable Passive Optical Networks（GPON）: General characteristics（2003）
12) IEEE802.3-2005 Part 3：Carrier sense multiple access with collision detection（CSMA/CD）access method and physical layer specifications（元 IEEE 802.3ah-2004）
13) ANSI/SCTE 22-1：Data-Over-Cable Service Interface Specification, DOCSIS 1.0 Radio Frequency Interface（RFI）（2002）
14) ITU-T 勧告 J.112：Transmission systems for interactive cable television services（1998）
15) ITU-T 勧告 J.122：Second-generation transmission systems for interactive cable television services-IP cable modems（2002）
16) 沖見勝也他：新版 ISDN，電気通信協会（1995）

6章全般にわたる文献
1) 池田克夫：コンピュータネットワーク，オーム社（2001）
2) 本書全般の文献 1)

7 章
1) RFC791：Internet Protocol（1981）
2) RFC2460：Internet Protocol, Version 6（IPv6）Specification（1998）
3) ITU-T 勧告 E.164：The international public telecommunication numbering plan（1997）
4) 清水通孝，鈴木立之：通信ネットワーク概論，オーム社（1974）

8 章

1) RFC768 : User Data Protocol（1980）
2) RFC793 : Transmission Control Protocol（1981）
3) Brakmo, L.S., et al. : L.L. TCP Vegas, New Techniques for Congestion Detection and Avoidance. Computer Communication Review 24, 4, pp. 24～35（1994）
4) RFC2581 : TCP Congestion Control（1999）
5) RFC2582 : The NewReno Modification to TCP's Fast Recovery Algorithm（1999）
6) http://-netweb.usc.edu/yaxu/Vegas/Reference/1994

9 章

1) 淺谷耕一編著：通信ネットワークの品質設計，電子情報通信学会（1993）
2) ITU-T 勧告 G.107 : The E-Model, a computational model for use in transmission planning（1998）
3) 村田正幸：マルチメディアネットワークにおける通信品質保証の実現と課題，電子情報通信学会論文誌 B-I，J80-B-I，6，pp. 296～304（1997）
4) ITU-T 勧告 G.103 : Hypothetical reference connections（1998）
5) C. Savolaine : Ensuring the Quality of Telecommunications Services, IEEE QAMC Workshop 97, Ojai Valley（1997）
6) ITU-T 勧告 I.350 : General aspects of quality of service and network performance in digital networks, including ISDNs（1993）
7) ITU-T 勧告 V.90 : A digital modem and analogue modem pair for use on the Public Switched Telephone Network（PSTN）at data signalling rates of up to 56 000 bit/s downstream and up to 33 600 bit/s upstream（1998）
8) 文献1) 3.4.3項
9) N. Sato et al. : In-Service Monitoring Method-Better ways to Assure Service Quality of Digital Transmission, IEEE Journal on Selected Areas in Communications, SAC-12, 2, pp. 355～360（1994）
10) 例えば，間瀬憲一他：インターネットの品質・トラヒック管理（I）～（V），電子情報通信学会誌，82～83，（1999～2000）
11) 名部正彦他：インターネットアクセスネットワーク設計のためのWWWトラヒックの分析とモデル化，電子情報通信学会論文誌 B-I，J80-B-I，6，pp. 428～437（1997）
12) 総務省：IPネットワーク技術に関する研究会報告（2002），http://www.soumu.go.jp/s-news/2002/020222_3.html#02

10 章

1) 秋丸春夫, 川島幸之助：情報通信トラヒック-基礎と応用-(改訂版), 電気通信協会 (2000)
2) 本書全般の文献 2)
3) 秋山稔：近代通信交換工学, 電気書院 (1973)
4) 本書全般の文献 5)

11 章

1) 総務省：平成 18 年度情報通信白書
2) http://www.dri.co.jp/auto/report/telegeo/telegeotg04.htm
3) 淺谷耕一：インターネット (IP) 電話の現状と将来, 電気学会誌, 123, 11, pp. 740〜743 (2003)
4) 総務省：電気通信番号規則改正 (2002)
5) 羽室英太郎：IP 電話の普及と緊急通報, 電気学会誌, 123, 10, pp. 664〜667 (2003)
6) RFC3550, RTP：A Transport Protocol for Real-Time Applications (2003)
7) RFC3261, SIP：Session Initiation Protocol (1999)
8) ITU-T 勧告 H.323：Packet-based multimedia communications systems (1996)

12 章

1) 日本電子機械工業会：電子部品技術史, EIAJ (1995)
2) 淺谷耕一, 森田直孝, 黒川章, 松尾一紀：NGN 標準化動向の概要と今後の標準化課題, 電子情報通信学会誌, 89, 12, pp. 1 045〜1 050 (2006)
3) ITU-T 勧告 Y.2001：General overview of NGN (2004)
4) ITU-T 勧告 Y.2000 Ser Suppl. 1：NGN Release 1 Scope (2006)
5) ITU-T 勧告 Y.2000 Ser Suppl. 7：NGN Release 2 Scope (2008)
6) ITU-T 勧告 Y.2011：General principles and general reference model for Next Generation Networks (2004)
7) ITU-T 勧告 Y.2012：Functional Requirements and Architecture of the NGN (2010)
8) ITU-T 勧告 Y.2111：Resource and admission control in Next Generation Networks (2011)

索　引

【あ, い】
安定品質　152
インターネット　2
インタフェース　16
インテリジェントネット
　ワーク　201

【う】
ウァースの法則　9
ウィンドウサイズ　35
ウィンドウ制御　35

【え】
遠近回転法　136
エンド-エンド原則　194

【お】
オクテット　77
オピニオン評価法　154

【か】
回線設定　22
仮想回線設定　22
仮想コネクション設定　22
完全線群　170

【き, く】
キャリアレス振幅位相変調
　方式　86
共通線信号方式 No.7　119
クライダーの法則　9

【け】
経路制御表　121, 137

ケンドール表現　171

【こ】
呼　22
高位レイヤ　12
高機能レイヤ　12
呼受付制御　29
呼生起率　173
呼損率　170
コーデック　44
コネクション指向型ネット
　ワーク　25
コネクション設定　22
呼　量　169
コンディショニング　160
コンピュータ通信ネット
　ワーク　1

【さ】
最大転送単位　121
最繁時間　170
サービス　16
サービスアクセスポイント
　　16
サービス個別ネットワーク
　　4, 97
サービス時間　171
サービスストラタム　201
サービス総合ネットワーク
　　97
サービスノード　10
サービス品質　152
サービスプリミティブ　16
3R 機能　70

【し】
識別再生　70
時分割マルチアクセス　118
周波数分割マルチアクセス
　　118
衝突回避型搬送波検知多重
　アクセス方式　111
衝突検出型搬送波検知多重
　アクセス方式　111
自律システム　121

【す】
スタッフ多重方式　75
スチューピッドネット
　ワーク　32
スループット　103
スロースタート　150
スロット ALOHA 方式　110

【せ】
静的経路制御　135
接続品質　152
前方誤り訂正　51

【そ】
装置性能目標　155
即時系　170

【た, つ】
大群化効果　176
待時系　170
タイミング再生　70
タイムスロット順序完全性
　　79

索引

多重化方式	73
単一キャリア変調方式	86
通信品質	152

【て】

低位レイヤ	12
データグラム	30
伝送パス	40
伝送品質	152
伝達レイヤ	12
電話3品質	152

【と】

等化増幅	70
同期ディジタルハイアラーキ	40, 78
同軸ケーブル	61
到着率	173
動的経路制御	135
独立同期ディジタルハイアラーキ	78
トークンバス	114
トークンパッシング方式	113
トークンリング	114
トラヒック量	102
トランスポートストラタム	201

【ね】

ネットワーク外部性	5
ネットワーク原則	194
ネットワーク効果	5
ネットワーク性能目標	155
ネットワーク負荷率	102

【は】

バイト	77
パケット再組み立て	122
パケット分割	121
パソコン通信	2
搬送波検知多重アクセス方式	111

【ひ】

光回線終端装置	89
光収容ビル装置	90
光ファイバケーブル	61
ビット透過性	79
標準接続系	156
標準接続モデル	156

【ふ】

符号化	45
符号分割マルチアクセス	118
プロトコル	12

【へ】

ペイロード	102
ベストエフォート方式	30

【ほ】

ポアソン呼	170
保留時間	171
ポーリング	117

【ま, む】

マーフィーの法則	9
マルチキャリア変調方式	85
ムーアの法則	6

【め, も】

メディアアクセス制御	107
メトカーフの法則	5
モデム	44

【ゆ】

ユーザ体感品質	153
ユニフォームリソース識別子	182

【よ】

呼出音	23
より対線ケーブル	61

【ら】

ライザーの法則	9
ラウドネス定格	153
ランダム呼	170

【り, る】

リアルタイムトランスポートプロトコル	185
リトルの公式	174
量子化ひずみ	45
ルーチングテーブル	121

【れ, ろ】

レイヤ7スイッチ	17
ロックの法則	9
ローミング	196
論理チャネル	25

【わ】

話中音	23

【A】

A-law	49
ADSL	83
ALOHA方式	109
ANI	203
application network interface	203
AS	121
ATM	25
ATM-PON	92
autonomous system	121
A則	49

【B】

B-PON	91
bit sequence independency	80

BSI	80	
busy hour	170	

【C】

CAC	29
call	22
call admission control	29
CAP	86
carrier sense multiple access	111
carrier sense multiple access with collision avoidance	111
carrier sense multiple access with collision detection	111
carrierless amplitude and phase modulation	86
CDMA	118
code division multiple access	118
codec	44
connection-oriented networks	25
CSMA	111
CSMA/CA	111
CSMA/CD	111

【D】

data over cable service interface specification	94
datagram	30
discrete multi-tone	85
DMT	85
DOCSIS	94

【E】

E-PON	93
EDO	155
EFM	94
encoding/coding	45
ENUM	182
equipment design objective	155
Ethernet in the first mile	94
Ethernet over PON	93
E モデル	166

【F】

far to near rotation	136
FDMA	118
FEC	51
fiber to the curb	88
FMC	196
forward error correction	51
FTTC	88
frequency division multiple access	118

【G】

G-PON	92
G-PON encapsulation method	92
GE-PON	93
GEM	92
gigabit Ethernet PON	93

【H】

H.264	54
HDSL	87
HRX	156
hypothetical reference connection	156

【I】

IMS	205
IN	201
intelligent network	201
IP multimedia subsystem	205
IPv4	120
IPv6	125
IP アドレス	128

【J】

Joint Photographic Experts Group	59
JPEG	59
JPEG2000	58
justification multiplexing	75

【K】

Kryder's law	9

【L】

link state data base	139
logical channel	25
loudness rating	153
LR	153
LSDB	139

【M】

MAC プロトコル	107
MAN	106
maximum transfer unit	121
media access control	107
Metcalfe's law	5
metropolitan area network	106
MJPEG	58
MJPEG2000	58
$M/M/S$ モデル	174
modem	44
Moore's law	6
Motion JPEG	58
MPEG-1	54
MPEG-2	54
MPEG-4	54
MTU	121
Murphy's law	9

【N】

network performance objective	155
network to network interface	203

索　引　　215

NNI	203	
NPO	155	
NTSC 方式テレビジョン		
信号	53	

【O】

OLT	90
ONU	89
open shortest path first	138
opinion assessment method	154
optical line terminal	90
optical network unit	89
OSI の 7 階層モデル	12
OSPF	138
overall transmission quality rating	153

【P】

p-ALOHA	109
packet defragmentation	122
packet fragmentation	121
passive double star	82
passive optical network	82
PDH	78
PDS	82
plesiochronous digital hierarchy	78
Poisson call	170
PON	82
PON 光アクセス	90
PP 光アクセス	89
PSTN	178
public switched telephone network	178

【Q】

QoE	153
QoS	152
quality of experience	153
quantization distortion	45

【R】

RACF	204
random call	170
real-time transport protocol	185
Reiser's law	9
resource and admission control function	204
RIP	138
Rock's law	9
routing information protocol	138
RTCP	185
RTP	185
RTP control protocol	185
RTP 制御プロトコル	185
R 値	153, 166

【S】

SAP	16
SCM	86
SDH	40, 78
service dedicated network	4
service node interface	82
session initiation protocol	182
SHDSL	88
single carrier modulation	86
SIP	182
SNA	19

SNI	82
stuff multiplexing	75
synchronous digital hierarchy	40, 78
Systems Network Architecture	19

【T】

TDMA	118
time division multiple access	118
time slot sequence integrity	80
time to live	123
TSSI	80
TTL	123

【U】

uniform resource identifier	182
uniform resource locator	183
URI	182
URL	183

【V】

VDSL	87
VoIP	183

【W】

WAN	106
wide area network	106
Wirth's law	9

【その他】

μ-law	49
μ 則	49

―― 著者略歴 ――

1969 年　京都大学工学部電気工学Ⅱ学科卒業
1974 年　京都大学大学院博士課程修了，工学博士
1974 年　NTT 電気通信研究所入所（FTTH，ブロードバンドネットワーク，サービス品質の研究に従事）
1997 年　工学院大学教授，現在に至る
1999 年　早稲田大学大学院国際情報通信研究科客員教授

電子情報通信学会フェロー，IEEE フェロー，総務大臣情報通信技術賞受賞
主要著書：「通信ネットワークの品質設計」（電子情報通信学会），「Introduction to ATM Networks and B-ISDN」（John Wiley），「情報通信と標準化」（電気通信振興会）など
少林寺流錬心舘空手道師範・教士七段

ネットワーク技術の基礎と応用
― ICT の基本から QoS, IP 電話，NGN まで ―

Introduction to Information Networks ― Fundamentals of Telecom and Internet Convergence, QoS, VoIP and NGN ―　　　© Koichi Asatani 2007

2007 年 10 月 26 日　初版第 1 刷発行
2012 年 5 月 15 日　初版第 3 刷発行

検印省略

著　者　淺谷　耕一
発行者　株式会社　コロナ社
代表者　牛来真也
印刷所　三美印刷株式会社

112-0011　東京都文京区千石 4-46-10
発行所　株式会社　コロナ社
CORONA PUBLISHING CO., LTD.
Tokyo Japan
振替 00140-8-14844・電話(03)3941-3131(代)

ホームページ　http://www.coronasha.co.jp

ISBN 978-4-339-00793-0　（楠本）　（製本：愛千製本所）
Printed in Japan

本書のコピー，スキャン，デジタル化等の無断複製・転載は著作権法上での例外を除き禁じられております。購入者以外の第三者による本書の電子データ化及び電子書籍化は，いかなる場合も認めておりません。

落丁・乱丁本はお取替えいたします